The Meaning of Science

科学的意义

[英] 蒂姆·卢恩斯 TIM LEWENS 著 徐韬 译

上海文艺出版社

献给

罗丝与萨姆

目录 | Contents

致 谢

首先，我要感谢企鹅出版社的劳拉·斯蒂克尼（Laura Stickney），她曾满怀善意地邀请我来写这本书。她是一位充满激情与耐心的编辑，有着让人赏心悦目的生花妙笔。同样，我也要感谢我的同事和朋友。安娜·亚历山德罗娃（Anna Alexandrova）、里安娜·贝茨勒（Riana Betzler）、阿德里安·布泰尔（Adrian Boutel）、安德鲁·巴斯克尔（Andrew Buskell）、克里斯托弗·克拉克（Christopher Clarke）、克里斯·埃德古斯（Chris Edgoose）、贝丝·汉农（Beth Hannon）、斯蒂芬·约翰（Stephen John）以及休·普赖斯（Huw Price）通读了该书的手稿。我的妻子埃玛·吉尔比（Emma Gilby）的评论尤有价值，我有数不清的理由要感谢她。感谢乔纳森·伯奇（Jonathan Birch）、张夏硕（Hasok Chang）、丹·丹内特（Dan Dennett）、杰里米·豪伊克（Jeremy Howick）、尼克·贾丁（Nick Jardine）、莉萨·劳埃德（Lisa Lloyd）、阿龙·许尔格（Aaron Schurger）和沙里莎·巴尔马（Charissa Varma）针对个别章节所给出的建议。至于其他形式的启发、支持以及鼓励，我应该感谢塔玛拉·胡克（Tamara Hug）、克里斯蒂娜·麦克利什（Christina McLeish）、海伦·麦克唐纳（Helen Macdonald）、休·梅勒（Hugh Mellor）、路易莎·罗素（Louisa Russell）和大卫·汤普森（David Thompson）。

我曾受惠于剑桥大学和克莱尔学院（Clare College），是它们让我可以腾出时间来写这本书；我要感谢我在CRASSH（剑桥大学艺术、社会科学与人文研究中心）的新同事，特别是西蒙·戈尔德希尔（Simon Goldhill）和凯瑟琳·赫尔利（Catherine Hurley），他们为我提供了令人兴奋的工作环境，使我可以完成这本书；我还要感谢欧洲科学研究委员会（European Research Council）（基金号：284123）的资金支持。我必须感谢我在剑桥的许多学生（他们当中既有来自历史系和科学哲学系的，也有来自哲学系的），是他们迫使我去努力思索何为科学哲学以及它为何如此重要。在整理这本旨在向公众介绍该主题的书稿的过程中，我又一次想起了彼得·利普顿（Peter Lipton），作为老师和朋友他都堪称典范，至今我仍然非常怀念他。

我把这本书献给我的两个孩子罗丝（Rose）和萨姆（Sam）。虽然我不能说，没有他们就没有这本书，但若没有他们，这一切将变得非常不同，这本书很可能会很差劲，而且我也就会不那么享受写作过程了。

写给读者的话

本书的所有章节在很大程度上都是独立的，因此，读者并不必按顺序阅读。每一章的结尾处均有一小段扩展阅读，我为那些希望获知相关主题的更多内容的读者挑选了一些易于理解的文本。绝大多数读者可以不用理会书中的大量尾注。它们只是给出了正文所用到的事实、论证以及主张的出处。

前言

INTRODUCTION

科学之奇妙

种种科学的成就是非凡的。它们为万事万物提供了解释：从人类文化起源到昆虫的寻路机制，从黑洞的形成到黑市的运作。科学也曾阐明我们的道德判断与审美感受力。它们专注的目光落于宇宙的最基本成分及其初生时刻。它们见证了我们亲密的私人活动与集体的公共行为。科学运作的方式方法令人叹为观止，使其纵使在处理那些发生于遥远的过去或将来、无形无影、难以触碰的事件时也得心应手。正因如此，科学提醒我们注意那些最紧要的人性问题，如果这些问题要得到解决，那么，科学就需要在其中发挥至关重要的作用。

这本书——一本科学哲学的导论——从科学的特定成就中抽身出来，探讨一系列关于科学工作之重要性的问题。这本书面向那些对科学意味着什么以及科学对我们意味着什么感兴趣的人。而且，它没有预设任何科学知识，也不要求读者熟知哲学。

和其他的哲学分支一样，科学哲学自打古希腊时代起就已存在。同样，和所有哲学分支一样，它也毁誉参半。极富魅力的美国物理学家理查德・费曼（Richard Feynman）——1965年诺贝尔物理学奖获得者——就几乎无法认同这一学科，据说，他曾评论，“科学哲学对科学家的用处就好比鸟类学之于鸟儿们”。[1]

费曼的话——姑且假定他确实这么说过——着实不恰当。鸟类学对鸟类无用，但那是因为鸟儿无法理解它。要是一只鸟能够像鸟类学家那样，从它的窝里揪出小布谷鸟来，那它就不会无端付出那么多的辛劳。①当然，费曼并不是说哲学太过复杂，科学家们无法领悟，他只是没有看到哲学也能对科学工作做出贡献。

有不少途径可以回应这一质疑。其中一条来自比费曼声望更高的物理学家。1944年，罗伯特・桑顿（Robert Thornton）一拿到科学哲学的博士学位，就开始在波多黎各大学（University of Puerto Rico）教授现代物理学。他致信爱因斯坦寻求建议：是不是应该在物理学课堂上引入哲学？爱因斯坦毫不含混地回复“当然”，并抱怨说，“在我看来，现在的许多人，甚至包括职业科学家在内，就像是那种只见树木不见森林的人”。接着，爱因斯坦为这种短视开出了药方：

---

① 布谷鸟是一种巢寄生鸟，它们会将卵产在其他鸟类的鸟巢中，由“义亲”来孵化、喂养自己的后代。——译注

> 大多数科学家深受其时代偏见之苦，而历史、哲学方面的知识可以赋予他们那种摆脱偏见的独立性。在我看来，这种由哲学洞见带来的独立性，正是一个单纯的工匠或专家和真正追求真理之人的显著差别所在。[2]

对爱因斯坦而言，科学哲学与科学史的价值在于它们能够解放研究者的想象力。[3]

在这本书中我们将看到，科学向来满怀雄心壮志，力图将它们的方式方法应用于世间最高深的论题上。例如，心理学家、演化论者以及神经科学家一直在努力解答有关伦理的本质、自由选择的真相等问题。一旦他们大胆地踏上了这些探索之途，就会无可避免地牵涉到哲学。关于演化理论对人类道德的种种影响，科学家无法作出合理的论断，也无法仅仅根据神经科学的研究，就对自由意志的命运说三道四，除非他们能够清楚明确地阐发，何为道德或何为意志之自由。换句话说，不管科学家喜欢与否，他们到头来还是要回到那些数百年来令哲学家困惑的概念问题上来。

虽然科学家已然占据了过去属于人文学科的诸多领域，但这并不意味着我们从哲学家身上学不到任何东西。近些年来，通过与演化论、意识和社会行为等杰出研究的互动，有关道德与自由意志等论题的哲学工作极大地丰富起来。在很多领域，哲学和科学越来越多地走上了一条建设性的合作之路。它们相互学习，获益良多。

我们认为，科学哲学的价值不应该完全由它对科学家提供多少帮助来衡量。它也具有一般意义上的文化重要性。科学观看万物，又是否能洞察一切？科学能否把值得我们了解的一切最终都教给我们？抑或，是否还存在着另外一些殊途同归的理解形式，比如文学、抽象反思？这类哲学问题关乎科学的界限，这类问题也有助于我们去理解：科学与艺术如何对人类知识做出了不同的贡献。

科学哲学同样与政治直接相关。在面对不确定的证据和巨大的风险时，如果我们一开始就不能决定如何进行推理，那么，我们就无法理解政府该如何应对气候变迁带来的威胁；如果不去探究真正的科学和伪科学式的江湖医术的差别，那么，我们就无法决定要不要通过公共卫生预算给顺势疗法提供资金支持；如果不去调查表面上中立的科学知识是否已然带着种种道德、政治价值，那么，我们就无法评定民主国家该如何采纳来自科技界的建言。

换言之，科学哲学所要处理的这些问题——本书要加以探究的问题——实在紧要，它们关系到最重要的现实问题。

第一部分

PART I

“科学”意味着什么

第一章

CHAPTER 1

科学如何运作

科学与伪科学

世间有诸般科学。物理学是一种，化学是另一种。还有一些学科也能产生知识与洞见，但是，我们当中绝少有人会即刻视其为科学，历史学和文学研究便属于这一类。这一切基本上没有争议。不过，对于某些情形，我们却拿不准它算不算科学，而且，这类情形极易诱发政治、文化冲突。

让我们想一想经济学、智能设计论和顺势疗法这三者。这三个探索领域的共同点是它们的科学身份经常受到质疑，并由此引发暴风骤雨般的激辩。经济学是科学吗？一方面，和许多科学一样，经济学中充斥着数学，常常表露出一股学术权威劲儿；另一方面，它并不善于给出预测，许多经济学从业人员对于弄清真实人群如何思考与行动，表现出了令人震惊的无动于衷。[1] 他们宁愿构建各种模型，借以告诉我们，如果人是完全理性的，那么在简化了的情形中会发生什么。因此，经济学可能不像科学，倒更接近于夹杂着方程式的《指环王》（*The Lord of the Rings*）：它是对一个被创制出来的世界在数学上所做的细致周全的探索，而这个世界同我们的世界大不一样。

智能设计理论曾被一些组织大肆鼓吹，比如赫赫有名的美国智库发现研究所（Discovery Institute），也曾有一些理论家对这个理论进行深化发展，包括生化学家迈克尔·贝希（Michael Behe）以及数学家、哲学家威廉·登布斯基（William Dembski）。这个理论旨在同演化论分庭抗礼，为物种如何适应其周遭环境给出另一番解释。它认为，有些机体特征太过复杂，远不是自然选择所能造成的，它们一定来自某种智能的青睐：也许是上帝，也许是其他某种智能主体。该理论的拥护者将其视为科学，但许多理智的评论者认为，这无非是企图在学院里嵌入一段矫情的宗教阐释而已，它要成为科学的一部分则希望渺茫。[2]

主流医师有时很重视顺势疗法，尽管大量临床研究的跟踪记录表明，这些医疗手段并未得到充分验证。有一派人声称，顺势疗法是一些江湖医术，毫无科学资格，它们貌似有效只不过是因为安慰剂效应。[3]另一派人则告诉我们，科学研究通过主流疗法确立了其医疗介入的资格，主流疗法让我们有了一般性的、在典型环境中对大部分病患奏效的医疗手段的知识。而据其所言，主流疗法忽视了医生的特殊需求，即他们需要为非典型环境中独一无二的个体开出正确的药方。[4]

这些关乎真正科学之特征的问题都很重要。它们影响着那些手握大权的人，这些人的建言能决定财政和社会的健康程度；它们影响着我们的孩子在学校里所受的教育；它们影响着我们的税收去向，决定了我们该为何种研究提供资金；它们也影响着医生就保持我们的健康所给的忠告。这些问题由来已久：今天的我们可能会关心经济学、智能设计和顺势疗法等事业的科学身份，而早先的思想家却曾被马克思主义、精神分析，甚至演化生物学的科学地位所困扰。我们似乎要对何者成其为科学、何者成其为伪科学做出清晰透彻的说明。看来我们得请出卡尔·波普尔（Karl Poppor）了。

卡尔·波普尔爵士（1902—1994）

时至今日，当你请教一位科学家关于科学的一般本质时，他很有可能还是会让你去读卡尔·波普尔的声明。1902年，波普尔出生于当时文化生活异常丰富的维也纳。他于1918年进入维也纳大学（University of Vienna），在那里，参与了一系列引人注目的文化活动：他投身左翼政治，有段时间还倾心于马克思主义，他听了爱因斯坦有关相对论的讲座，在精神治疗师阿尔弗雷德·阿德勒（Alfred Adler）的一家诊所里，还当了一段时间不长的义务社工。1928年，波普尔被授予哲学博士学位。及至1934年，他发表了第一本著作《逻辑研究》（*Logik der Forschung*）（后来，该书的英文版改成了《科学发现的逻辑》

[*The Logic of Scientific Discovery*])。[5]在这本书里，波普尔展现了一种宽泛意义上的科学进步观，终其一生的思考，他几乎将这种观念原封不动地保留了下来。

波普尔的父母是犹太人，因此，他在30年代被迫离开了维也纳。之后，他前往新西兰，在克赖斯特彻奇城（Christchurch）的坎特伯雷大学（University of Canterbury）谋得一份差事。返回欧洲之前他在那里待了将近十年。1946年，他获邀在伦敦政治经济学院就职，一直工作到退休。科学哲学家唐纳德·吉利斯（Donald Gillies）曾于1966年第一次见到波普尔，最近，他生动描绘了波普尔的一些个人癖好：

> 在讲堂外等波普尔出现也并非无事消遣，因为这位大人物进门前总是会有一套仪式：波普尔的两名研究助理会先于他进门，打开所有窗子，告诫听众绝对不要吸烟，并在黑板上写上“禁止吸烟”几个字。波普尔确实非常讨厌吸烟。他声称，他对烟味严重过敏，即便吸入一点点烟气也会让他极度不适。在助理向他报告整个区域已全面禁烟之后，波普尔才会踏进门来。[6]

吉利斯接着向我们交待，后来波普尔遇见了一位研究过敏症的专家，这位专家没能在波普尔身上发现任何烟草过敏的证据。对此，波普尔回应道："这只是表明了医学有多么落后。"[7]

在 20 世纪 60 年代末至 70 年代初的这段时期，波普尔的声望可以说达到了巅峰。1965 年，他被授予爵位，正是在这段时间，一批卓越的科学家对其工作表达了程度不一且令人目眩的钦慕之情。诺贝尔医学奖得主彼得·梅达沃爵士（Sir Peter Medawar）直接表示："我认为，波普尔无以伦比，是有史以来最伟大的科学哲学家。"数学家、宇宙学家赫尔曼·邦迪爵士（Sir Hermann Bondi）则认为："科学无非是其方法，而其方法无非就是波普尔所阐明的东西。"[8]

吉利斯回忆的那些往事也清楚地表明，波普尔常常激怒他人，就像他能招来钦慕那样。每逢周二下午，伦敦政治经济学院会召开"波普尔研讨会"，访问学者将受邀在会上介绍自己的哲学观点。像这种标准的学术研讨会，演讲者通常会不受干扰地讲上三十到四十分钟，之后主持人才征询听众的问题。但波普尔研讨会上的规矩很不一般：

> 通常，在被波普尔打断之前，演讲者只能做五到十分钟的演讲。波普尔会直接跳起来，说他想做点评论，接着就滔滔不绝地讲上十到十五分钟。典型的波普尔式介入是这样的：他会就演讲者刚刚所做的报告给出一个反对论证，还常常以这样一句话收尾："那么，您是否同意我的这一意见对您的观点

> 构成了致命的反驳？”可以料想，这种攻击会让来访的演讲人感到极度不适。

吉利斯补充道：“从波普尔的观点看，我们不难发现，虽然他的研讨会可以被视作‘自由批评’的完美典范，但在演讲者看来，它倒更像是高级波普尔主义活动促进会。”[9]

“马克思主义、精神分析和个体心理学有什么不妥？”

波普尔在科学方面的总设想源自他的两个隐忧。他的成长环境充满了让人为之迷醉、倍感兴奋的智性氛围。他曾回忆道：“奥匈帝国瓦解后，奥地利出现了一场革命：到处都是形形色色的革命口号、观念以及新奇却大多不着边际的理论。”[10] 各种宏大的智识体系——爱因斯坦的相对论、卡尔·马克思的历史理论以及各种有关心智的精神分析式解读——都有着非同寻常的抱负，它们在当时随处可见。然而，波普尔觉得在相对论和（比方说）精神分析理论之间有着深层次的差别，他尊崇相对论，但对精神分析理论抱有极大的怀疑。

他为自己定下任务，决意澄清他的直觉——他自问道：“马克思主义、精神分析以及个体心理学有什么不妥？它们和物理理论——牛顿的理论，特别是和相对论为什么如此不同？”[11] 波普尔认为，虽然爱因斯坦提出了一个理论，但若实验可以表明它是错的，那我们就不得不英勇无畏地放弃该理论——尽管它也曾享受过实验上的成功，而精神分析理论并不承担这种义务，它免受来自实验的反驳。“我觉得，”他说，“其他那些理论尽管打扮得像是科学，但事实上，它们无异于古老的神话，它们更像是占星术，而不是天文学。”[12]

报纸上那些星座专栏的问题不在于它们说得不准而在于它们的这种阐述方式使其不可能应验，因为它们没有说任何有价值的话。我订阅的《每日邮报》(*Daily Mail*)上有每周星座运势，它告诉我这些话：“最近几周你面对了较大的起伏，但现在事情将要起变化。太阳与和谐行星金星本周将同时进入你的出生宫位，你可放下对过去的担心，开始计划未来。是时候干一些提振人心的事情了，它们搁置了太长的时间”。[13]我们什么时候会向某人建议“不要再计划未来了，开始担心过去”？如果某些事情确实被搁置了“太长的时间”，现在做出调整不也稀松平常？我们到底该如何计算那些过去几周以来与我们休戚相关的“起伏”？我们很难反驳这些个虚头巴脑的话。

类似地，西格蒙德·弗洛伊德(Sigmund Freud)记录了一位女病人的故事，还形容她是“所有病人中最聪明的一位”。这位女病人曾向弗洛伊德报告了她的一个梦，这个梦似乎驳斥了他的愿望的实现理论。该理论是说，我们的愿望会在梦中实现：

有一天，我向她讲解梦是愿望的实现。第二天，

> 她就告诉我她的一个梦，梦中她和她的婆婆去城里某处旅行，并打算在那里一起度过整个假期。彼时我发现，她非常抗拒和婆婆一起度假，因为在几天前，她远远地躲在另一处度假胜地，顺利地回避了她所惧怕的婆媳关系。而现在她的梦并没有实现她想要的：这难道不是对我的理论——愿望在梦中得以实现——最尖锐的反驳？[14]

这个女人所梦的并不是她想要干的事情，而是她所厌恶的事情——和她的婆婆一起过假期。尽管这是一出很显然的反驳，但弗洛伊德还是认为他的理论毫发未损："这个梦表明我错了。因此她的愿望便是希望我出错，而她的梦表明这一愿望实现了"。[15] 弗洛伊德依据这个女人希望他是错的这一点，就把一个似乎动摇了其理论的梦给解释通了，而且这个梦依然是所谓愿望的实现。我们很难不认同波普尔在面对此类事例时所表现出的不安。弗洛伊德这种为其理论编造证据的才能断然不能被视作精神分析法的优点，相反，其理论所具有的那种面对任何证据都能自圆其说的弹性似乎更像是一个弱点。

归纳难题

波普尔的第一重隐忧源于一种紧迫感，即我们应该给出一个"划分标准"，借以区分科学与伪科学，而第二重隐忧来自他对哲学家所谓归纳推理的深度怀疑。通常，我们认为现在所谓的“归纳难题”由 18 世纪苏格兰哲学家大卫·休谟（David Hume）首次提出。为了进入这一难题，我们首先需要理解演绎推理（与归纳推理相对）的本质。

假设你知道所有獾都是哺乳动物，还知道布洛克是一只獾。那么，一旦给定这些前提，你就有把握推理出布洛克是哺乳动物。该推理过程是演绎地有效（deductively valid），也就是说，只要推理前提为真，结论就绝不可能为假。在所有獾都是哺乳动物、布洛克是一只獾的条件下，我们无法想象布洛克不是哺乳动物。可靠的演绎推理涉及确定性：它们的前提保证了它们的结论。因此，演绎推理往往无足轻重、不具有生产性：对于布洛克是一只獾而且所有獾都是哺乳动物这一知识，当你开始推论说布洛克是只哺乳动物时，你只是在清楚无误地道出这些信息的一个自明的结论。

归纳推理与之不同。设想你发明了一种新药——就叫威利特吧——并想查验其是否安全。你在一万名被试者身上做了测试，数月之后也没有在他们当中发现任何不良副作用。这些被试者的个人状况并不相同：你也确保在男性、女性以及不同年龄阶段、不同国家的人群身上测试了这种新药。现在，假设你问了这样一个问题：“到目前为止，鉴于在所有测试过程中都没有观察到副作用，在科林身上——此人之前从没有服用过该药——有可能发现不良副作用吗？”怕是没人会说我们能够完全保证科林的身体健康。但大多数人可能会说，基于大量测试，我们可以合理地期望科林不会出现不良副作用。

这种推理可能远比演绎推理来得更有价值，因为它们有望产生重要的新知识。根据大量但仍然有限的人群样本，我们认为，我们可以就其他人群可能出现的反应做出相当可靠的预测。我们的药物测试——以及其他种种形式的知识生产——似乎预先认为，通过这种针对有限数量的观察样本所进行的外推法，我们可以做出合理的概括。那又是什么使得这一预设是合理的呢？来自休谟的质疑将为这种归纳推理提供辩护。

我们可以把归纳推理解释为任何一种我们视为合理的论证模式，但是，不能说它具有演绎有效性。我们有关科林的推理并不是演绎地有效，它也没有掩饰这一点。该推理无涉确定性，因为显然有可能那一万个被试者没有表现出任何副作用，而可怜的科林却不幸成为第一个有不良反应的人。我们可以轻而易举且没有矛盾地想象这类情形，比方说，科林有着极其罕见的基因突变。而且，这在一定程度上是因为我们无法保证科林不会出现不良反应。但即便如此，我们也断定，那些来自成千上万被试者的证据使我们可以合理地说，科林不太可能出现不良反应。那么，是什么使得这一归纳推理是合理的呢？

有人可能会诉诸科学研究的新发展，来试着为我们的推理做出辩护。他们也许会说，例如，因为科林的药物反应和先前我们测试过的那一万名个体的反应不同，所以他或许有着与常人不同的身体。尽管这也不确定，但我们还是会宣称：我们可以合理地认为，科林的身体并无奇特之处，因为我们对人类生长发育的过程已经有了充分的了解。生理学家、发育生物学家已经对典型的人类身体生长过程有了细致丰富的研究，这种研究让我们获悉了各种知识，比如，科林的身体的大致运转方式、他可能的基因组成等。

这种诉诸隐微的科学知识的做法并不能解决休谟的问题。它只不过说明，归纳推理在可靠性上程度不一。科学家对人类、哺乳动物以及大量形形色色的物种的胚胎演变做过些有限的研究。让我们假设，科林身体构造的演变过程非常接近于那些在实验室已得到观察的过程。我们可以基于外推法对科林的身体构造做出推理，但休谟的质疑是，为什么这种外推法应被认为是合理的。

归纳难题表现为一种两难困境：如果确实可以回答的话，我们想知道是什么使得我们可以从一个有限的样本外推至一种更为宽泛的一般情形。我们不能为了回答这个问题就说这个推理具有演绎有效性，因为很显然，我们的新样本就是反常规的，丝毫不像我们之前遇到的样本。但若我们转而诉诸科学知识，甚或以往那些成立的归纳推理来回答这一问题，那这看起来不过是为我们意欲辩护的外推法提供了更多的实例。不管得到何种回答，我们一开始的疑问，即什么使得外推法是合理的，依然没有得到解决。[16]

是时候将我们关于归纳推理的讨论带回到波普尔那里了。面对一道填字谜题时，我们知道，即便我们对答案完全没有把握，它也肯定有答案。大多数哲学家——不包括波普尔——在同样的意义上也将归纳难题视为一道谜题：为了找出休谟问题的答案，他们殚精竭虑，确信这里一定有一个完美的解答。毕竟，若没有归纳，生活就无法继续。我们所有人都确信，离开屋子的最好办法是通过大门，而不是穿墙而过。我们之所以如此确信，是因为过往经验告诉我们，撞上坚实的墙壁会受伤。我们的理财顾问提醒我们，过去的投资成功并不表示未来也会有同样的表现，我们接受他们的忠告，那是因为我们知道那些曾经表现良好的基金也常常破产。但即便如此，我们也会将过去的模式套用在将来，我们会认为这些推断是明智的。

波普尔是这场关于归纳之争的局外人。他认为，休谟揭示了归纳法是一种糟糕的推理策略。一个理性的人，波普尔说，是一个拒绝使用归纳推理的人，也就是说，这样的人拒绝从过去推出未来，从有限的观察推出更普遍的理论，或者从若干数据点得出更为宽泛的模式。波普尔确信："……理论永远无法从观察陈述中推出，也无法通过它们对理论做出合理的辩护。我认为，休谟对归纳推理的拒斥清楚无误、毋庸置疑"。[17] 因此，波普尔开始着手揭示科学如何仅仅依靠演绎推理来运作。

证伪主义

波普尔的科学哲学立足于一种公认的逻辑不对称。如前所见，无论你测试了多少会对新药威利特产生良性反应的个体，演绎推理也绝不会告诉你，所有人都会对威利特产生良性反应。而另一方面，如果你恰好发现有人对威利特产生了不良反应，那你就会得出结论——带有演绎的确定性地——“所有人都会对威利特产生良性反应”是错误的。正如波普尔建议的，如果我们需要不借助归纳推理来从事科学的话，那么，虽然我们永远无法合理地认为科学归纳是真的，但我们能够断定某些归纳是错误的或看似错误的。这就是人们称波普尔的观点为“证伪主义”（falsificationism）的原因。

有人可能会想，科学家可以借助各式各样的资料——化石记录、DNA序列、植物和动物在行为学或解剖学上的特征——给出一个较为一般的主张，比如，“所有的植物和动物都是某个共同祖先的后代”。但波普尔说，这种科学构想是错误的。只有基于归纳法的科学才会瞄准那些有利于特定假设的渐进式的证据积累，而波普尔认为归纳法是不合理的。相反，科学的运作一定是一个“猜想和反驳”的过程：科学家首先对世界的本质系统地阐发一个总的主张，然后通过收集资料——比如化石、DNA、行为学或解剖学上的资料——来寻求可能的反驳，如果出现不合，这就明确说明我们关于共同祖先的一般主张是错误的。

这一点有助于我们理解波普尔为什么采用证伪主义来提供一个"划分标准":它准确刻画了科学和波普尔有时称为"伪科学"、有时称为"形而上学"的东西之间的差别。波普尔说，真正的(bona fide)科学一定是可证伪的。使之成为真正科学的是它有可能受到反驳。特别让波普尔印象深刻的是，例如，爱因斯坦的相对论是敞开来接受实验的判决的。稍后我们将更为细致地谈到，爱因斯坦的相对论明确预测了太阳对经由它然后到达地球的光线所产生的弯曲效应。因此，如果事实上光线没有表现出这种行为，相对论就被证伪了。波普尔说，一个正当的科学理论，在那类它不允许出现的事件面前承担着风险，也就是说，会有潜在的证据致使该理论被摒弃。

波普尔的处理方案有着相当大的令人本能地信服的力量。弗洛伊德的心智理论之所以被视为一种伪科学，是因为它没有清晰地说明那类可能导致其理论失败的情况，而只是为他对这一理论的信条提供狡黠的表述，为他手中的资料提供同样狡黠的解读。类似的，占星术的问题似乎是，其主张的阐述方式极度模糊，我们无法判断在什么情况下该理论才是错误的。天文学就不同了:牛顿的理论精确地告诉我们，何时可以观测到一颗彗星的降临，我们会说，要是到头来事情竟不是这样，牛顿的想法可就太糟糕了。

1964年，物理学家理查德·费曼在一次讲座上表达了惊人相似的科学观——毫无疑问，该观念受到了波普尔的影响：

> 一般而言，我们通过以下步骤寻找新的定律。首先，我们猜猜猜……别，别笑，这千真万确。接着，我们估算这一猜想得出的种种结果，我们就来看看如果猜对了……它意味着什么，然后，我们将这些计算结果与自然规律、实验或经验加以对比。与观察结果一比照，我们就会看出它是否合理。

费曼接着对科学方法的证伪主义途径做了简短的概括：

> 如果它（指上文中新的定律）与实验不吻合，它就是错的。这条简单朴素的申言对科学来说至关重要。无论你的猜想多么出色，无论你多么聪明，无论做出这一猜想的是谁、他姓甚名谁，都不起任何作用。如果它与实验不吻合，它便错了。这事儿就是如此而已。[18]

格朗萨索

2011 年 9 月，一组研究人员宣布，他们在位于意大利格朗萨索（Gran Sasso）的设备上观测时发现，发射自日内瓦欧洲核子研究委员会（CERN）的中微子（neutrino）的速度超过了光速。[19] 爱因斯坦的狭义相对论限定了宇宙中的最高速度：在真空中，没有什么比光行进得更快。实验和爱因斯坦的理论之间出现了不一致。按照费曼所总结的科学方法，尽管狭义相对论美妙非凡，又环绕着爱因斯坦的声名及其令人敬畏的智识，但来自格朗萨索的实验结果仍然会促使我们抛弃这一受人尊敬的理论。

然而，实际情况不是这样。虽然一时间报纸对这些实验结果津津乐道，但大多数科学家颇有把握地认为，实验结果很可能存在缺陷。这些科学家之所以觉得实验结果有问题，部分原因在于，虽然实验结果与相对论相抵触，但他们对相对论深信不疑。事实上，并不是每当实验和理论看似发生冲突时，科学家就会否决他们的理论。这种态度完全是明智的，因为我们常常无法保证实验是不是进行得恰当，也常常无法确定它们代表的真正意义。相比于把钱押在一个行之有效的理论会出错上，我们赌一项实验有缺陷是完全合理的。这一观察结果不会对科学实践造成麻烦，但却给波普尔的目标带来了大量的问题，因为波普尔想表明科学可以不借助归纳法而运作。

乍一看，格朗萨索的实验表明，波普尔的证伪主义所倚重的逻辑不对称有局限性。假使理论告诉我们，没有什么可以比光行进得更快，而且我们也确实发现有东西比光传播得更快，我们就可以确定是理论出了问题。但是，正如我们对汽车速度的判断取决于我们所用测量装置的准确度，我们就绝不能简单地以某种自证（self-certifying）的方式来“观察”中微子跑得有多快。我们总是可以问，仪器是否运转良好，我们对读数的解释是否正确，我们的计算是否合适且准确等等。

尽管我们会将资料唤作“data”[①]，但它（们）并没有被无可置疑地“给与”我们。相反，它们来自数以百计的技术性假设，而这其中的任何一项都可能遭受质疑。因此，如果理论告诉我们没有什么比光行进得更快，而且我们的实验确实表明有些东西比光传播得更快，那么，通过演绎推理，我们唯一能确定的是：理论和实验二者当中至少有一个出错了。但演绎推理无法告诉我们是哪里出错了，就其本身而言，它既无法告诉我们是理论出错了，还是我们那些五花八门的实验假设出了问题，甚至它也无法告诉我们是不是整件事彻头彻尾地都错了。

回想下费曼的主张：“如果某个理论与实验不吻合，它就是错的”。格朗萨索的实验与理论不吻合，但每个人都回头去找实验的问题。有意思的是许多大物理学家在格朗萨索的实验结果公布几天之后的反应：他们在任何不利于该实验的直接证据出现之前就表达了自己的看法。现在，一份来自备受尊敬的研究小组的实验结果摆在了科学共同体的面前，而它与我们珍视的理论发生了冲突。对此，马丁·里斯（Martin Rees）（英国皇家天文台台长、新任皇家学会会长）平静地评论道：“非

① Datum，其复数为 data，在拉丁语中意为给定的东西（things given）。——译注

同寻常的主张需要非同寻常的证据。”诺贝尔奖得主史蒂文·温伯格（Steven Weinberg）说：“……我感到困惑不安，大量证据表明，其他所有粒子从不会比光传播得更快，而对中微子做观察又是格外困难的。”[20] 上述科学家（人们可能还会援引其他科学家）表示，如果被迫要在已确立的理论和令人震惊的实验结果之间押宝的话，他们宁愿赌实验出错。这些超一流的大师都怀疑超光速的存在。

里斯和温伯格对来自格朗萨索的实验结果抱有怀疑，这种态度合情合理，它靠的是归纳推理；但对于严格意义上的波普尔主义者而言，它没有效力，他们会认为从可靠记录得出的任何推断都不是合理的。在里斯和温伯格看来，过往证据表明其他粒子并不会比光传播得更快，而且爱因斯坦的理论本身在面对实验测试时表现良好，这些事实已然构成了怀疑该实验结果的合理依据。更概括地说，当理论和证据冲突时，科学家诉诸归纳推理来决定哪个地方有可能出了问题。但是对于波普尔主义者而言，这种决策过程是不合理的。

“确证”

波普尔告诉我们，科学理论必须接受测试。它们必须伸出脖子，接受实验的严酷考验。如果观察同理论不一致，理论就会被推翻。一个理论当然会通过某一个这类测试，有些理论甚至会经受好几轮测试。波普尔称这些理论是高度“确证的”（corroborated）。

最常被提起的确证实例也许是阿瑟·爱丁顿（Arthur Eddington）对爱因斯坦的广义相对论所做的实验测试。爱因斯坦的理论预言，太阳的引力场将会弯曲来自遥远恒星的光。但我们只能在日食期间观察到这种弯曲效应，否则太阳自身的光亮会遮住远方的恒星。1919 年，为了在日全食期间进行实验，爱丁顿来到位于西非海岸之外的普林西比岛（island of Principe），而他的同事则去了巴西的索布拉尔（Sobral）。爱因斯坦的理论会被爱丁顿的测量所证伪吗？并没有。“……索布拉尔和普林西比的征程结果，”爱丁顿和他的同事写道，“确实表明，太阳周围发生了光线偏转，其数值与广义相对论的预言相吻合，它们是由太阳的引力场引起的。”[21]

通常，我们现在会认为，爱丁顿的实验结果为爱因斯坦理论提供了强有力的证据。但是，当波普尔说一个理论是高度“确证的”的时候，他并不是在说该理论有可能是正确的。“确证”仅仅是对理论过往成功的一个说明，在波普尔看来，过去的成功并不导向未来的前景（这将涉及某种形式的归纳推理），这也意味着，我们并没有理由认为，一个高度确证的理论就有可能通过针对它所进行的下一个测试。[22]

波普尔有这样一种看法：无论正在探讨中的一个理论是不是凭空臆断，也无论该理论在面对研究实验时是不是长期保持着难能可贵的成功记录，我们对某个科学假说的信念都不应受到这些情况的影响。里斯、温伯格等科学家认为，由于爱因斯坦的观点在面对种种严苛的测试时屹立不倒，我们大概只好将怀疑投向格朗萨索的实验设备，但是确证在波普尔那里无足轻重，所以在他看来，这些科学家的看法很难得到辩护。

理论与观察

证伪主义者认为，科学家可以借助各项资料或观察报告拒斥一般性的理论，那么这些东西处在一个什么样的位置上呢？波普尔强调，观察是“理论负载的”（theory-laden），对此他有着充分的理由。粗略地讲，该说法意味着，那些看似中立的有关观察资料的陈述必定充斥着种种科学理论上的假设。例如，只有事先掌握了海量的知识——中微子的行为、它们如何被探测到、我们的仪器如何工作等等，我们才能做出“我们观察到中微子以超光速行进”这一陈述。就其本身而论，观察对理论的依赖性是毫无疑问的：诚然，倘若理论不能使科学观察得以实现，那么，科学家在探索宇宙的内在运作方式这方面的能力就不会取得任何进步。但是，“观察的理论负载性”（哲学家喜欢这么称呼）给波普尔带来另外一些问题。

波普尔对归纳法的拒斥表明，他不认为有限数量的观察可以一劳永逸地为一般性的理论主张提供支持。但他也承认，关于观察结果的陈述——科学家对资料的通常称谓——同样取决于一般性的理论主张。事实上，波普尔持这种观点：所有的“观察陈述”都具有负载理论；不仅像中微子跑得有多快这种新奇的主张如此，石蕊试纸是否变蓝、盖革计数器是否记录到一次电脉冲等司空见惯的主张也全无例外。由于资料以理论为先决条件，所以波普尔断定，观察陈述的猜测性——以及临时性——殊不亚于理论，它们也应是可被证伪的。

波普尔的演绎法远不如我们一开始想得那么有力。从表面上看，波普尔宽慰我们，即便我们永远无法合理地断定某个理论是否可能为真，我们也至少可以断定有些理论是错误的。但是，为了揭示一个理论是错误的，我们需要对用以拒斥该理论的观察有着合乎理据的信心。如果观察本身仅仅是利用一般性理论所做的猜想，又如果这些一般性理论得不到归纳推理的支持，那么，我们就绝不会有这种信心。就波普尔的设想而言，科学家所能做的只是去揭示这两套陈述——关于事物如何运作的一般性陈述与关于特定事件的具体陈述——之间的逻辑张力。即使有这种信心存在的话，科学也给不了我们，它无法告诉我们哪些陈述有可能是正确的。只要科学回避归纳推理，它就无法告诉我们这些。

泥沼中的地桩

当观察和理论发生冲突时，波普尔会怎么想——科学家是该放弃理论（因为我们应该信任与理论相冲突的观察），还是放弃观察（因为它产生自可疑的实验）呢？关于观察陈述之地位，波普尔的立场令人印象深刻：

> 科学并未建立在坚实的基岩之上。其理论结构异常险峻，仿佛坐落在一片泥沼中。它像是一栋立基于地桩上的建筑。虽然地桩被深深地打入泥沼，但仍未触及任何天然的或既有的“基础”：如果我们停止把地桩打得更深，那绝不是因为我们已经抵达牢靠的地基。我们只不过是停在我们觉得满意的地方，我们觉得地桩足以支撑起整个建筑，至少眼下如此。[23]

“科学并未建立在坚实的基岩之上”这一想法可能会让那些谦逊的科学家感到欣慰，他们也公允地指出，他们的工作具有易谬性（fallibility）。只有傻瓜才会凭借一次实验数据就断言这里有着严格的确定性。不过，波普尔的地桩也让他不安。将地桩打入泥沼，他们就能控制一些东西，就有可能在那里建设施工。但是，一旦弃置了归纳推理，观察又能承载起多少重量呢？

波普尔认为，我们可以用特定的一类观察陈述——也就是我们“决定接受的”那些观察陈述——充当理论的证伪基础。这些陈述被科学界视为是没有争议的。波普尔称之为“基础陈述”。但是，人们并不希望科学仅仅建立在某团体的共识之上。科学家对可接受的观察陈述的判断能被大家认可，是因为这些判断同样是合理的，或可靠的，这点是很重要的。不过，对于观察的可靠性问题，波普尔并未有所言说：

> 我们止步于基础陈述，并视其为符合要求、经过充分测试的。无可否认，它们更像是教条，但惟有我们不再可以通过进一步论证（或测试）为其辩护时，它们才具有这种特性。这种教条主义无甚危害，因为就算有需要，这些陈述也可轻松通过进阶测试。我承认，这确实也将演绎链扩展到了基本无限的地步。但这种“无限倒退”也没有什么危害，因为在我们的理论中，借它来为一个陈述提供证明从来都不成问题。[24]

波普尔告诉我们，科学家实际上可以决定是理论出了问题，还是观察出了差错，因为，科学界会一起约定，只接受那类被视为不成问题的陈述。如果某个理论和这些陈述不一致，那么该理论的情况就不太妙了。但是，集体背书很可能有着各式各样不理智的来源。怀疑论者会说，依赖数据资料收集、旨在建立体系的科学，它不过是集体空想或合谋的产物，对此，波普尔又能给出什么样的回答呢？

严格意义上的演绎主义者无法籍由数据资料的历史记录就断定数据“符合要求的、经过充分测试的”，因为“这些断言久经考验，它们很可能是真的”这一想法本身就是归纳推理的产物。诚然，演绎主义者可以让这些陈述接受进阶测试，由此便可能对其作出评估。所以说，它们并不完全是教条。但是，对于这些测试，我们也还是需要知道，我们所预想的观察如何才能同另外那些同样是猜测性的数据资料相吻合。

于是，再次提出我们的问题：究竟是什么使得这些猜测不仅仅是集体的虚构呢？波普尔认为无限倒退无伤大雅，因为证明并不是科学的目标。这给我们留下这种印象：我们可以接受一些缺乏证明的东西，比方说，合理的根据、对观察断言所做的得体的辩护等等。不过在波普尔看来，我们并没有理由认为观察陈述是可靠或值得信赖的。一旦拒绝了归纳推理，我们的理论就会失去任何把握现实的机会。波普尔的科学大厦不是一栋树立在泥沼中的建筑；它是一座空中城堡。

波普尔及其声望

一想到大英帝国金光炫目的骑士勋章，以及皇家学会会员们列队赞同波普尔科学图景的情形，我们也许就会对波普尔的观点感到震惊：我们没有任何理由认为我们最优秀的科学理论是真的，或近乎真理，甚至我们也没有理由认为它们有可能接近真理。对波普尔体系的这些担忧并不新鲜：有好几代大学生就曾提出过类似的抨击。那么，波普尔为什么还是受到这么多科学家如此高的尊崇呢？

部分原因当然是他们之间的互惠互利：波普尔本人向来坚定不移地尊重科学工作，对此科学家们也觉得应该投桃报李。我揣测，科学家在阅读波普尔时是打了折扣的，他们在意那种更对他们胃口的波普尔主义，从而忽视了他对归纳推理不折不扣的怀疑。波普尔说，科学并不探讨确定性。关于这一点他是对的。科学家们热衷于强调，他们的理论从未被视作教条，它们总是可被质疑的，即便那些长期公认的理论也可能受到令人不安的事实的侵害，而且正如科学理论那样，科学数据也是难以获得，面临着被修订的可能。不过，让我们仔细看看这种通情达理的易谬主义（fallibilism）（"我们也许弄错了"）和波普尔的反归纳主义（anti-inductivism）（"我们没有理由认为我们弄对了"）相去几何：它们之间的不同就好比一派人认为，尤塞恩·博尔特（Usain Bolt）可能会摔倒并因此输掉比赛；而另一派则争辩说，我们没有理由认为博尔特比任何一个碰巧在跑的人跑得更快。

波普尔也强调，在设计实验时，科学家们并不仅仅是在搜集他们的理论能够去解释的事实。关于这一点，他也是对的。科学家们对波普尔的这一认识赞誉有加，他们确实在竭力回应有关自然的种种探究式问题。我们应该如此设计一项实验：当该实验的结果是这样时，它所要测试的理论就遇上了麻烦；而当实验结果是另外的样子时，理论就会得到证据支持。科学家把波普尔极力主张的可证伪性看作是一种手段，能强调严苛测试之重要性。但我觉得，很少有科学家会同意波普尔的这一看法，即纵使一个理论通过了大量测试，我们也没有理由对该理论抱有任何信心。我甚至觉得，几乎没有科学家会认可他的另一看法，即理论和证据最终都取决于集体的约定。波普尔的科学哲学并不温和，他可不认为科学是一项为其理论找寻严苛测试因而容易犯错的事业。

再作划分

我们大可以单独处理那种引人瞩目而又未得波普尔思想之精华的波普尔主义，因为它并未顾及波普尔本人对归纳推理的完全排斥，而是着眼于可测试性与易谬性这两个主题。就划分而论，这种温和的证伪主义前景如何呢？一个真正的科学理论是可测试的理论吗？

理论须得先做出预测，它是可被测试的。但任何理论——甚至那种我们认为应该落于分界线的合理一侧的、显然“科学”的理论——都不能独立做出预测。牛顿的运动定律本身并没有告诉我们该上哪儿去观察物体。达尔文的自然选择原理也未告诉我们何种生物将生存繁衍下去。相反，只有为这些理论添上一整套额外的假设，它们才能做出预测。

当有人为牛顿定律添上一套内容丰富的声明，比如有关物体的位置、质量等声明，我们就可以使用这些定律对物体随后的位置做出预测。当有人为达尔文的自然选择原理加入一套内容更丰富的声明，比如有关基因突变的频率、发育进程、种内成员特有的相互作用等声明，这个原理也才能告诉我们一个物种将如何随时间而演变。所以说，我们无法指责智能设计理论或占星术，说它们没有给出具体的预测，因为任何理论都无法孤立地做出预测。

此外，和牛顿定律或达尔文的自然选择原理一样，我们可以为这些理论补充额外的假设，使其能够做出具体的预测，换句话说，占星术和智能设计理论也可以成为可证伪的。什么都挡不住一个占星家言之凿凿地预言，巨蟹座的人（比如我）将在下周二遭遇一场凶险的事故；也挡不住一个智能设计理论家预言，由于上帝的智慧和仁慈，人体构造在各个方面都是经过完美设计的。

要是下周二我平安无恙，这位占星家该如何解释呢？如果解剖学家指出，由于尿道穿过了前列腺，当发生前列腺肿大或尿道收缩时，会给男性带来诸多痛苦，对男性泌尿系统这种明显反常的构造这位智能设计理论家又会说什么呢？假使我们想用某种波普尔式的标准来确定各种理论的科学地位，就得把目光集中在理论家如何处理不成功的预测上来。不幸的是，似乎还没有任何清晰明确的办法能告诉我们，何种回应是“科学的”，何种回应是“不科学的”。

我们不想说，只有当提出某个理论的理论家一旦发现该理论的预测与实验相抵触就去拒绝它，该理论才是科学的。理论家坚守自己的立场完全合理，她大可以说，虽然实验似乎给该理论带来了不好的消息，但她仍然相信是实验本身出了问题。科学界的精英也正是以这种方式来回应格朗萨索的超光速中微子实验的。但是，如果我们允许粒子物理学家逃避反诘，并为他们开脱：预测之所以失败，问题并不出在他们的理论上，责任应该归咎于与这些理论无关的其他因素，那么，又有什么可以妨碍占星家或智能设计理论家，在即便我星期二没有遭遇意外或我的前列腺发炎肿胀压迫到了输尿管的时候，说一些“我们的生活受到星辰的影响”“有机体的种种特性是智能设计的产物”之类的话？难道他们不能推卸预测失败的责任，说那是错误的计算、潜在的预设，或对理论本身的误解所造成的？智能设计理论家告诉我们，我们无法揣度上帝在设计泌尿系统时的特殊意图，而物理学家坚称，格朗萨索的实验装置一定出了某种有待确认的故障——这两者到底有什么不同？他们不都是用类似的策略来保护其理论免受反驳吗？

对此，一种显而易见的回应是，当一个人固执己见，拖延着不肯放弃某理论，转而重新调整他的一些辅助性假设时，科学态度和非科学态度之间的差别就事关羞耻心的大小了。波普尔的仰慕者、他在伦敦政治经济学院的同事伊姆勒·拉卡托斯（Imre Lakatos）不遗余力地为这一看法辩护，并借历史上的各种事例精心阐述使之发展为一种更为宽泛的观点。

牛顿定律曾被用来预言天王星的轨道。但后来人们发现，天王星的轨道与牛顿定律给出的预言并不一样。天文学家拒绝放弃牛顿的物理学框架，而认为天王星的运行轨道可能受到某颗未知行星的影响。要不是后来发现海王星正好处在能够影响到天王星轨道的位置上，这种做法似乎是孤注一掷，公然回避实验的裁决。当粒子物理学家认为格朗萨索的实验可能出了什么差错时，他们的期望最终也得到了回报：后经确认，在测量中微子的历时过程中，一台高速计时器和一处连接缺陷造成了计算失误。[25]

拒绝让一个优秀的理论去面对可疑的证据在海王星和格朗萨索的事例中得到了辩护。但我们也注意到，将这些趣闻轶事转化为一套不容更改的、有关科学地位的规则非常困难。对于一位在面对实验困境仍顽强坚持的科学家来说，难道他不是在发展一套专断的理论，其证实资料唾手可得？又或，这位科学家的观点明显缺乏证据，他仅仅是在固执己见？

举例说来，当我们回顾历史之际，我们很容易将达尔文理论的功绩归于其先见之明。达尔文声称，各类动植物全都是从少数共同祖先那里逐步传下来的，其结果就是，过去的某段时期里必定存在着一些物种，它们的解剖结构和生理机能将会填补我们今天所能见到的诸种有着明显不同的生命形式之间的缺隙。达尔文没能指明这类过渡形态。对此他辩解道，他虽没能给出这类形态，但这并不构成其理论上的困难，反而是那些由化石保存下来的稀有形态的征兆。[26] 回顾过去，我们可以信赖达尔文，因为我们已然发现了许多“缺失环节”，每一例发现均为达尔文关于共同起源的观点提供了更进一步的支持。但是，如果我们现在就想区分科学之精华与伪科学之糟粕，我们又将如何前瞻性地应用这种标准呢？

探究式思维

倘若我们想要一种实用性的、前瞻性的划分标准，波普尔怕是爱莫能助。尽管我们读到了有关“科学方法”之重要性的一切内容，但我们还是不清楚该方法是什么。统计推断的基本数学工具是科学工具箱中相当常用的一种工具。当然，我们还有很多科学方法：用于观察的各项技术、涉及具体科学的特定分析技术等等。我们用随机对照试验考察药物的疗效；用X射线晶体照像术（X-ray crystallography）探索分子的构造。但是，当我们试图准确刻画所有成功科学的共同点时，我们却陷入了麻烦。

然而，就在几年前，另一位诺奖得主哈里·克罗托爵士（Sir Harry Kroto）在《卫报》上表示，我们也许不得不接受一种不严谨的说法：“科学方法基于那种我愿称之为‘探究式思维’（the inquiring mindset）的东西”。[27] 科学家以好奇心研究自然，询问关于自然的真正问题。她提出某一假说，并常常通过精心设计的实验找出证据，以此裁决该假说的真理性。虽然这的确有助于向我们解释科学为何是一项令人钦佩的活动，但它并没有把科学方法同其他的研究方法区分开来。历史学家也满可以提出大胆的假说，尔后再本着真诚探究的精神去深挖历史档案。同样的道理，其他人文学科的研究者也可以这么做。

克罗托就“探究式思维”还有非常多的议论，他补充道，这种倍受青睐的态度“涵盖了人类所有的思想性活动，唯独排斥‘信念’这一理性的敌人。这种思维模式模模糊糊，参杂着怀疑、质问、观察以及实验，除此之外，它还带有小孩子身上的那种好奇心”。[28] 克罗托强调，按照传统看法，科学并不享有批判性研究的垄断权，关于这一点他当然没错。不过，他对“信念”之价值的怀疑忽视了教条的积极作用。如我们所见，优秀的科学家并非一见到理论和实验资料出现不一致就丢掉理论。他们倒是常把失败归咎于实验设备的未知故障、不可靠的观察，或陈错相因从而误解了何为明显的“证据”。这类处理策略——也许会带来多年的困惑，就像是科学家们在逃避现实，而当新的证据出现后，它们又仅仅被看作天才般的高瞻远瞩——通常是富有成效的。

盲目信念的价值在于它有可能带来重要的科学成果，就此保罗·费耶阿本德（Paul Feyerabend）在其著名的《反对方法》（*Against Method*）中说道：

> 牛顿的引力理论在一开始就困难重重，这些困难严重到足以驳倒其理论。实际上，到了相当晚近

> 的时候，在非相对论的领域里，“观察和理论之间也存在着大量的不一致”。玻尔的原子模型即使在面对精确而又不可动摇的反面证据时也被引入了进来，并被保留了下来。尽管考夫曼在1906年得到了清楚无误的实验结果，但狭义相对论还是被保留了下来……[29]

费耶阿本德语带犀利地提到了一系列被归功于牛顿、玻尔（Niels Bohr）以及爱因斯坦等人的理论，今天，我们认为这些理论是科学探索中的巨大成功，尽管这些理论在其幼年期也曾面临种种困难，它们还是存活了下来。例如，牛顿完全无法解释太阳系为什么会是一个齐整的系统。人们会问，行星以及彗星彼此间的引力吸引为什么没有造成混乱？玻尔认为，就电子绕中心原子核运行而言，原子本身与太阳系的结构类似。但他最早提出的模型并不能解释氢原子发射能量后的行为，特别是它无法解释所谓的皮克林—福勒紫外线系（Pickering-Fowler ultraviolet series）——它们在玻尔的模型提出之前就已尽人皆知，而另一个与其竞争的理论曾为这些谱线给出过解释。考夫曼在1906年进行的实验意在确定电子是刚性球体，还是某种可以变形的东西（爱因斯坦的理论似乎蕴含了后者），其结果曾被普遍认为与爱因斯坦的电子理论不相一致。

费耶阿本德的文字相当有煽动性，但其下的主张却是合理的。说牛顿的观点本可以被驳倒，他实则暗示它们可被证明是错误的。说不利于玻尔的反面证据是不可动摇的，他的意思是，该理论在引入之时也曾被认为是错误的。用不了走这么远我们就能发现，他把牛顿以及他所提到的其他人的理论全都置于充满敌意的证据环境之中。例如，玻尔需要一段时间才能发展出一套原子模型来解释引起困难的皮克林—福勒线系。费耶阿本德这么说当然是对的：尽管存在着大量足以危及理论（也可能是一场误会）的问题，但若科学家不毅然决然地坚持其理论，那么，上述科学家就绝不会发展出成熟的理论以及对证据的恰当解读，未来几代人也绝不会认为那是有先见之明的科学成就。科学心智有时是开放的、富有创造力的，对证据细节极度敏感。但科学家有时却像马儿一样，蒙上眼罩反倒发挥得更好。

扩展阅读

波普尔的生平可参见他的自传：
Karl Popper，*Unended Quest*（London：Routledge，1992）。

波普尔本人的著作非常平易近人，特别是以下两部：
Karl Popper，*Conjectures and Refutations*（London：Routledge，1963）；
Karl Popper，*The Logic of Scientific Discovery*（London：Routledge，1992）。

大多数关于科学哲学的介绍性书籍中都会有对波普尔的讨论。其中，犀利的（且不留情面的）批评可见：

David C. Stove，*Four Modern Irrationalists*（Oxford：Pergamon，1982）。
与此同时，对波普尔的工作抱有同情的评价可见：
David Miller，*Critical Rationalism：A Restatement and Defence*（Chicago：Open Court，1994）。

有一种细致周全的波普尔主义旨在将波普尔的基本观点放入科学史中进行考察。见：
Imre Lakatos，*The Methodology of Scientific Research Programmes*（Cambridge：Cambridge University Press，1980）。

第二章

CHAPTER 2

那是科学吗？

知识的多样性

上一章的结论可能会让读者感到不安。如果我们无法借助波普尔的证伪主义为科学和伪科学给出一个划分标准，如果我们像波普尔一样一味抱怨不是所有的研究领域都应一视同仁，那我们又能说些什么呢？我们该如何评价那些似是而非的所谓科学学科（例如，经济学、智能设计理论以及顺势疗法）的身份呢？难道我们要被迫承认，在科学领域中怎么着都行？

所幸，尽管我们拒绝了波普尔式的哲学，但我们仍有大量的思想资源可资利用，它们使我们可以对这些有争议的研究领域做出批判性的评价。与其泛泛地问经济学、智能设计理论或顺势疗法是不是"科学"，我们倒不如问一些具体的问题——比如，理想化表达在科学中所发挥的作用、牵涉证据的问题等等，甚至我们也可以问一问安慰剂的性质——要不然我们如何才能确切地指出这些不同课题所面临的困难呢？

有时候我们几乎抓不住这种大而化之的问题，“它是不是科学？”比如，我们能说历史学是科学吗？怕是绝少有人会这样看待历史学，然而，历史学和自然科学一样，它也有着批判性研究的态度，有时，那种富有成效的独断可以使某个有争议的理论得到发展，并使其适应绝大多数得到恰当阐释的证据。历史学家从各种各样的渠道搜集资料以便测试其猜想，虽然他们极少做实验，但我们也知道，这在一些正统科学那里也并不鲜见。例如，比起在实验室进行对照实验，天文学倒是更多地在做观察。

也许有人想对历史学并非科学这一结论加以辩护，他会说，通常，历史学家的着眼点在于对个别案例或偶发事件的精细理解，其目标并非是构建普遍规律。但这是不是科学的一个特征还两说，像演化生物学这种科学会对特定物种的异质构成做出解释，但其历史关切却也集中于理解由共同祖先分化出的各类生物形态。

通常，数学分析并不见于历史学。但某类历史学——尤见于经济史和人口史——当中会有大量的定量研究与统计明细。历史学不仅涉及人的行为和决定，也涉及心理学和人类学。总之，照科学实践来看，科学的种类繁多，因此，是不是该把历史学划入科学在很大程度上取决于一个人的趣味。我们通常并不把历史学看作科学，但若把它看作科学，这也不是什么令人震怒的看法：德语中的“*Wissenschaft*”一词常常用来指任何能够产生知识，需要训练的方法，涵盖了说英语的人直觉上可能会归为科学和人文的科目。不过话说回来，有时候划分问题也不是那么重要。但无论如何，它们有时确实值得考虑。

经济学和理想型

1895 年，根据阿尔弗雷德·诺贝尔（Alfred Nobel）的遗愿，人们设立了五项以他名字命名的奖项，以表彰物理学、化学、生理学及医学、文学和促进人类和平这五个领域中的工作。那诺贝尔经济学奖是怎么回事？诺贝尔经济学奖是后来的事情，1968 年，瑞典央行（Sveriges Riksbank）"为纪念诺贝尔"设立了该奖项，用以表彰"经济科学"领域中的工作。[1] 但是，诸如"创世科学"（creation science）、"基督教科学"这类"科学"也提醒我们，单是冠以科学之名并不成其为科学。经济学是真正的科学吗？难不成我们要把瑞典央行的慷慨大度理解为一份努力，以期发现某种为物理学、化学和生理学所掩盖了的科学光芒？

科学实践的多样性，连同经济学方法的多样性，使得我们无法直截了当地对这一难题做出回答。就严格程度和旨趣而言，某些涉及实验的经济学非常接近于实验心理学。例如，一些对真实人群如何做出真实决策抱有兴趣的经济学家就会把人们搁在实验室里进行研究。丹尼尔·卡尼曼（Daniel Kahneman）于 2002 年因这种实验性的工作被授予"为纪念诺贝尔”而设立的奖项。卡尼曼的研究（有相当一部分是与阿莫斯·特沃斯基［Amos Tversky］合作的成果）目标在于揭示人们的思考方式，特别是，人们在对一些不确定的事件做出判断时所采用的拇指规则（rules of thumb）。[2]一些研究者走得更远，他们甚至在研究不同文化下的经济决策有何不同。[3]我们有不错的理由认为这一类工作确实是科学。

经济学家阿玛蒂亚·森（Amartya Sen）于1998年荣获瑞典央行的奖赏，他对事物具体的关注，几乎无可指摘。森最广为人知的工作是他对饥荒成因的研究。[4]似乎显而易见，是可获得食物量的普遍下降导致了饥荒。而借由对经验资料的细致调研，森认为，这并不是对饥荒成因的最佳解释：就很多情形而言，饥荒的出现并非伴有可获得食物量的下降。我们反倒该问，为什么在饥荒中有一些人无法拿到本可以获得的食物。森的回答瞄向了人们积累资源之权力的获取途径，他指出，在实践中，我们可以有各种方法来减少饥饿的发生。我们没有理由不把这一工作以及卡尼曼的工作视为真正的科学。

相比于这类有着丰富经验内容的经济学研究，新古典经济学的不少工作则主要集中于对市场运作的理论分析，当然，这些工作充斥着完全理性的个体。换句话说，这种工作牵涉一些不切实际的虚构。我们不禁想把将这类经济学研究归为科幻小说。或者说，我们也可以认为，此类风格的经济学并未告诉我们世界之所是；相反，它告诉我们，只要人们愿意条理分明地思考，世界就应该是这个样子。这两种回应表明，新古典经济学和典型的科学实践之间横亘着一道鸿沟。这两种回应也都过于轻率。

不只是经济学会用到简单化和理想化的研究策略。[5] 普通物理学也可以向我们表明，出膛的炮弹在仅受重力和火药推力的影响下能飞多远。当然，现实中的炮弹并不是这样：真实炮弹还受到其他一些力的影响，比如风阻。但这并不是说，我们对炮弹轨迹的简化分析没有价值。首先，它有助于我们理解炮弹的基本趋势，因为有时候加入其他一些受力分析会让情况变得异常复杂，妨碍我们的研究。其次，如果我们测量了真实炮弹的飞行距离，并将其同我们的理论分析加以比对，那我们大概就可以知道其他那些力的性质，它们一定阻碍了真实炮弹的飞行，致使它的飞行距离达不到由简化计算所预测的距离。如此一来，非实际的理想化就能帮助我们去理解那些发生于现实世界中更为复杂的事件。

物理学也并不是唯一采用理想化研究策略的科学。生物学中的大量研究也借助细致周全的数学方法探索理想演化进程对理想生物体的影响。演化遗传学家常常构筑简化的理论模型。这类模型预设了有限规模的生物种群、最简单的基因交流、所有生物体在同一时间内繁殖以及自然选择没有效力等等。很显然，这些设定对自然环境中的动植物种群并不成立。然而，我们可以就某一种群的真实行为和简化分析加以比对，虽然理论模型给出的该种群的行为表现基于自然选择并不产生影响这一假设，但我们还是能够由此估计出自然选择事实上是否奏效，及其（如果奏效的话）影响力的大小。[6]

经济学家可否为其理想化的研究实践做出类似的辩护呢？他们能不能争辩说，像其他许多科学家一样，他们只是在探究一套简化了的人类行为的基本倾向，未来可基于这一初步研究加入更为复杂的细节？[7] 也许可以，但这种理想化研究最终还要能够经得起现行的经验测试。为什么呢？让我们再来看看物理学中的简化研究吧。

我们不能发明出一套我们自己喜欢的假设，在一个仅有重力单独起作用而没有风阻的简化环境中去考察炮弹的运行。我们所设想的“趋势”是未有约束的虚构，它们没法帮助我们认识真实世界中有哪些影响致使真实炮弹的飞行距离达不到简化模型所预测的距离。相反，根据我们用以计算炮弹简化行为的不同构想，一颗真实炮弹的飞行距离也许正好与简化模型的预测相吻合，也许是其两倍，甚至有可能只是预测距离的一半。

于是，我们被带至各种完全错误的断言，它们断定，一定是真实世界中的某个额外的力（这些力并不包含在我们的简化模型中）造成了这些分歧。我们有关炮弹之趋势的假设要能反映出其运行在不受风力影响时的真实情况。换言之，即使在我们引入这些简化时，它们也一定得受制于实验。因此，对于实验室受控环境中——各种复杂因素的影响可以减少到最小——的物体行为，物理学家也要悉心检查。[8]理想化本身并没有什么过错，但经济学家不能把理想化当作借口，以此规避真实的人类思想和行为的复杂性。

作为对经济学的最后思考，我们应该回顾一下那些评论家的批评，他们曾指责新古典经济学没能成功预言2008年的金融震荡，不过，这怕是抱怨而已，不是经济学不像真科学，而是它太像真科学了。如我们所见，物理学家经常处理那些有关物体之趋势的断言。对于实验室净化条件下所发生的一切，他们非常善于给出预测，因为实验室环境可以尽可能地简单。正是出于这个理由，当我们想要在实验室之外，在充满变化的世界之中造一栋实用建筑时，我们需要的是工程师，而不是物理学家。物理学家并不修桥。如果经济学家要给政府提出实用建议，那我们可不想让经济学成为基础科学，我们希望它像是工程学。[9]

证据和智能设计

打开一本演化生物学的教科书，你会发现，其中用了大量以数学表述的精细原理，刻画种群如何在各种演化力量的影响下发生变化，同时还补充了详尽的实验数据，这些数据涉及伴随基因突变的演化进程，种内成员之间相互作用及其同周遭环境相互作用的方式。[10]你会发现，所有这些信息编织在一起，其目标在于详尽地说明在何种条件下这些进程能够——或不能——产生新的物种（“成种”［speciation］）以及新的适应性。你会看到各种研究，它们涉及在自然环境中发挥作用的自然选择，当然，你也会看到，因为受控于精心设计的实验，对于不同演化进程相应的重要性有着争论。[11]

智能设计理论——美国数学家、哲学家威廉·登布斯基和美国生化学家迈克尔·贝希等人主张的一个理论——据称是一种科学理论：通过诉诸某个智能主体的设计，它至少解释了有机体的某些适应性。[12] 例如，贝希认为，鞭毛（flagellum）——它像一根舞动着的鞭状纤维，附着在某一结构上面，类似于一台旋转马达，可以推动某些类型的细菌在液体环境中运动——非常精致复杂，不可能是自然选择的产物。他认为是某个具有智能的存在者设计了鞭毛。智能设计理论家犹犹豫豫地声称，像鞭毛这种有机体的适应性是神，尤其是基督教上帝的造物。通常，他们会暗示，他们的证据针对的是某种对智能的忽视，但是，对于那位智能存在者的深层本质，他们拒不多言。[13]

支持智能设计以及反对自然选择的论证是如何进行的呢？[14] 贝希在《达尔文的黑匣子》（*Darwin's Black Box*）中宣称，细菌的鞭毛（以及其他一些性状）展现了一种被他称为“不可还原的复杂性”（irreducible complexity）的性质。[15] 这意味着，当鞭毛有一部分被移除，或被改变时，其结果并不只是鞭毛性能有少许损害，我们还会发现这样一种结构：它对细菌的生存和繁衍不产生任何贡献了。贝希说，鞭毛的总体运作是如此精密，对其任何一部分施加的任何干扰对于各种有价值的生物功能来说都将是灾难性的。

贝希认为，自然选择学说是在说，自然选择可以从一些简单的起点出发逐渐增强性状的复杂性。他接着论证，如果我们真的发现有这样一种结构，其总体功能会因单一部分的移除或改变而被彻底毁掉——也就是说，如果我们发现某种东西是“不可还原的复杂”——那么，这种结构就不可能由这一逐渐累积的过程所产生。贝希认为，不可还原的复杂性恰恰可以诊断出自然选择学说在某些问题解释上的无能为力。

在回应贝希时，首先要注意的是，鞭毛最不可能具有不可还原的复杂性。研究表明，一部分鞭毛对生物体确实有用：它们使蛋白毒素可以注入到其他细胞的内部，而不再用于产生旋转运动。[16] 但是，就算有进一步的研究迫使我们承认鞭毛有着不可还原的复杂性，贝希的这一想法——不可还原的复杂性同自然选择学说给出的解释有冲突——也是错的。我们必须考虑这种可能性：历经漫长的时间，自然选择在一开始逐步营造出的也只是一个相当简陋的结构。也许这样一种结构会给其将被移除或改变的组成要素留下充足的空间，而与此同时其总体功能只是受到些许损害。于是，选择过程就可以为总体利益逐渐移除那些无用或冗余的要素，直到最终呈现给我们一个有着“不可还原的复杂性”的结构，就此而论，对其组成部分所做的进一步移除或修补都将彻底毁掉它的正常功能，尽管事实上选择过程完全可以以一种渐进的方式解释该结构的起源。当然，对于鞭毛是如何产生的，事实上我们并没有证据，因此，贝希对这一点的抱怨也合情合理。他会说，我们的假说，即缓慢的改进来自一些简单的出发点，完全是玄想。关于这一点他也许没错，但其用以支持智能设计的论据靠的却是以下主张：选择学说不可能有任何方法来解释鞭毛。一份猜测性的简要说明足以反驳这样一个强势的关于不可能性的主张。

假设我们继续跟进贝希，承认确实存在着一些自然选择无法解释的生物结构。这根本就不会对这些生物结构有任何解释：那只是说有一些事物是我们不理解的。那么，对于什么样的情形，可以认为是智能设计解释了鞭毛呢？答案完全不清楚，因为我们不知道一位智能设计者应该如何解释鞭毛的性质。设想我告诉你："火星上有智能设计者。"你可能盼着在火星上观察到各种设计结构，但这根本就没有带给你任何洞见，除非我还告诉你另外一些信息，比如，这些智能设计者是怎么样的、他们的数量有多少、他们懒散还是勤快、他们之间如何进行合作、他们在经济上会优先选择什么，他们能够拿到什么样的原材料等等。

要对细菌的鞭毛做出一个令人满意的解释，我们的智能设计理论就得讲清一些细节，比如，设计者应该具有的能力和他们所用的工具、他们的设计纲要、他们实施和改进其设计的方式方法以及他们所拥有的建造材料。[17]演化学家提供了这些细节——涉及有机体的形成过程应该如何运转——它们比比皆是，但这些细节没有一个是由智能设计理论家给出来的。

不仅如此，生物学家不但试着给出演化过程的本质，还着手处理它：他们并不只是把诸如基因突变频率、选择强度这类假设拼凑在一起，而且还直接通过实验测试这些假设。反观智能设计理论家，他们既没有讲清所谓的设计者是个什么情况，也没有着手用实验来检验他们的猜想。因此，我们说，对有机界的变化所做的演化解释拥有很强的证据支持，而智能设计理论所钟爱的证据支持则显得荒唐可笑。[18]

在一个意义上，智能设计理论和演化生物学恰好棋逢对手：就塑造鞭毛这类结构的过程而论，智能设计理论家和演化生物学家之间存有分歧。不过，倘若智能设计理论可被视作一个严肃的竞争者——也就是说，它有资格被称为理论——那它也得在成种过程、适应过程这两方面积累丰富的理论资源，而且自始至终贯穿着精心设计的实验。它本该带给我们教科书般细致的解释，并以此告诉我们所谓的设计过程如何运作。在何种情况下其他影响力盖过了设计过程，又是何时这些设计过程反而占据了主导地位？所谓设计者的本质是什么，在哪些方面设计者的行为受到限制？一旦诸种设计规划发生冲突，设计者通常会如何取舍？我们期待所有这些问题都能得到回答。不出意料，我们的期望落空了。结果，智能设计理论家常常端给我们一锅有机体结构的大杂烩，据其所言，这些有机体结构所具有的复杂性使得自然选择无法对其做出解释。因此，我们没有足够的依据认为该理论是严肃的。

我可否像上一章那样，跟费耶阿本德持同样的见解——科学理论要变得成熟，它们就得发展到可以面对不利的反面证据的程度——从而完全无视智能设计这种没有明显证据支持的理论？在第一章中我表示，我们无法事先获知哪些理论最终可以得到资料的充分支持，但若根据这一理由就把一个定会成就伟大的理论扼杀在摇篮之中，那将会是一场方法论上的灾难，原因是，在一个理论发展的早期阶段我们并没有任何有利于该理论的证据。让我们切记科学的易谬性，无论是现在还是将来，我们都不应该排除这一想法：一群调查人员整出了一套理论，并相当详尽地提出了一些假说，比如，曾经有一帮智能外星人干预了地球上某些动植物的构造。

如果未来的理论家可以观察到这些智能主体的操作手法（modus operandi），那么，这一理论也许就会得到直接支持。保不准哪一天我们会发现这些巨匠在各个物种的DNA中留下的智能痕迹，甚至我们也有可能抓到他们的密使——或许是一些小巧的智能机器人——它们正在塑造新的适应性以回应周围变迁了的环境。但是，这些仅仅是可能性而已。就目前的情况来看，智能设计理论绝对不应作为演化论的货真价实的替代品在学校里教授，当然，我的那些关于外星智能生物工程师的拙劣猜想也不应享受这种待遇。

顺势疗法和安慰剂的本质

取少量的植物和矿物在水中反复稀释，用力摇晃，最后在加入糖片前再稀释一次——大部分用于顺势疗法的药物就这样制成了。之所以选择上述化学物质，是基于“以毒攻毒”这样一个说法：如果某种高浓度的物质伤着了你，那么取极少量的同种物质服用就正好可以对付那些病症——故事大概就是这样。

顺势疗法药物很受欢迎：英国顺势疗法协会估计，全球有超过两亿人服用过此类药物。[19] 尽管如此，许多评论人士对顺势疗法表示怀疑，不难看到他们为什么抱有怀疑。人们最早将取自天花脓包里的传染性物质小心翼翼地植入健康人的皮下，以此控制天花的传播——这一过程被称为预防接种。照此来看，“以毒攻毒”原则也不是信口雌黄。但顺势疗法只是稀释、稀释、再稀释，可以预见，其中据称有治疗效果的物质将被稀释得连一个分子都不剩。这意味着，顺势疗法有时就是一颗糖丸加一则生动的背景故事罢了。顺势疗法的基础是否是正儿八经的科学呢？抑或，它只是伪科学式的江湖医术？

人们有时会认为，测试医疗介入之效果的“黄金法则”不外乎安慰剂随机对照临床试验。例如，对于新药来说，评估其效果的最佳办法就是找来一大群人，随机分成两组。给其中一组人服用新药，而给另外一组人吃糖丸。我们知道，根据医嘱服药会让人感觉好一些，即便这药只是用糖做的，因此，这一方法可以让我们排除安慰剂的影响，评估新药对人体健康真正的促进作用。

许多理论家也曾怀疑坚持安慰剂对照试验是否明智。[20]毕竟，我们还有很多方法可以用来检查一种药物是否有效果。与其问新药是不是比糖丸有效，还不如问，对于我们所讨论的疾病来说，它是否比标准疗法更好。这会告诉你，在排除了安慰剂效应之后，新药是否带来了有益健康的促进作用（因为标准疗法也会有某种安慰剂的因素在里头）。此外，你不能只知道新药是否奏效，你还得知道，新药是不是比我们已有的药物更有效。当医生拿不准要给患者开哪种药时，第二项知识就显得特别有价值。不仅如此，饱受疾病折磨的患者在应召加入新药试验之后，短期服用的糖丸并不会中断他们的正常治疗——他们可以继续接受标准疗法。

新药试验和标准疗法的比较要比安慰剂对照试验来得更昂贵，因为，要获取具有统计意义的指标，往往要求被试人群的数量比较大。而且，相较研发出比标准疗法更有效的新药，研发出比安慰剂更有疗效的新药要更容易一些。基于这些理由，批评者有时会认为，现在流行的惯例是参比安慰剂来测试新药，而不是参比标准疗法，这实出于大量制药公司的利益。[21]

顺势疗法只是辅助疗法和替代疗法这一大名目下的一项。

其他属于这一名目的技术还包括针灸、香薰以及草药。替代疗法和辅助疗法的倡导者偶尔会说，需要参比安慰剂的试验性治疗尤其不适用于它们。假设你道听途说，相信按摩治疗对颈椎痛有奇效。那我们怎样才能对你的主张进行安慰剂对照试验呢？对于新药，一种与其匹配的安慰剂需要设计得让不知情的患者认为它是真正的药物，而且它不能有活性物质。因此，我们会用到五颜六色的糖丸。但是，说一个人接受了安慰按摩意味着什么呢？意味着，我们得发明出一种看上去像“真正”按摩的医疗介入，哪怕它没有按摩可能具有的那种“活性”元素。我们如何才能不通过按摩就给一个人造成他正在接受真实按摩的幻觉呢？——这似乎很难。当我们试图给出按摩治疗的安慰剂对照试验时，混乱接踵而至：“安慰按摩”有时被说成是“不用力”的按摩，而有时干脆就是给人们放上一段音乐，碰都不碰他们。[22]

让我们回到顺势疗法的特定问题上来，抛开辅助疗法和替代疗法的一般性评价问题不谈。我们可能会认为，将顺势疗法交给安慰剂对照试验再简单不过了。我们可以直接就给患者服用一些同顺势疗法所谓的活性物质毫无瓜葛的糖丸。关于这一想法，即我们可以使用对照试验来评估顺势疗法，英国顺势疗法协会提出了一个多少有点儿不同的问题。我们熟知的主流医学用百忧解（Prozac）治疗抑郁，用立普妥（Lipitor）治疗胆固醇过高。换句话说，这些试验都有一个前提：只有对于特定的疾病，我们才能评估特定的医疗介入。

但若某位医生没有为某种疾病开药，而是评估跑来医院看病的人的总体状况，情况会怎么样呢？假设她主张，患者的病症、生活历程和生活方式之间有着复杂的相互作用，因此，她给她的病人开出了一份个人专属的混合药物，还就患者该如何锻炼、饮食等等提出了建议，所有这一切都是因她确信，种种作用以协同、融合的方式作用在一个完整的人身上。我们很难知晓如何在一开始就建立起一套能够用于测试这些主张的临床试验，除非我们极其幸运地找到相当大数量的患者，而且他们全都有着相同的症状和身体状况。

稍后我们再来处理这些事关个体病患之个殊性的担忧。就眼下来看，确实存在着大量针对顺势疗法的安慰剂对照试验，它们统统基于这一假设：就特定疾病来评估特定顺势疗法药物的功效是合理的。[23] 对此，英国顺势疗法协会发出警告，“目前还在调研中的这类试验有能力量化顺势疗法‘药物’的功效，但其结果与‘现实世界’中顺势疗法实践之间的相关性颇为可疑”。[24]

这些试验教给我们什么了呢？乍一看，情况很混乱。一些人报道称，除了可被安慰剂效应解释的情况之外，一些顺势疗法药物确实有着积极影响，而另有一些人表示，顺势疗法和标准疗法有着同样的效果，还有一些人得出结论说，顺势疗法药物不过就是安慰剂。重要的是，我们得记住：虽然整个研究状况呈现出一片混乱，但并不是所有研究都具有同样的品质。2013 年，一份受托于澳大利亚政府的研究就所有这类试验和评论做了调查，其结论异常清晰：

> 少量高水准、规模足够大的研究针对人体疾病调查了顺势疗法作为一种医疗手段的有效性。已有的证据无法令人信服，它们不能证明，对于已公布的人体疾病，顺势疗法是一种有效的医疗手段。[25]

该报告自始至终发现：最大规模、最细致的研究表明，顺势疗法药物没有任何效果，它们只是安慰剂，而那些确实表明顺势疗法药物具有效果的研究通常都规模太小，没有什么重要价值，甚或有可能存在缺陷。

这样一个结论是否意味着顺势疗法在现代医学中无法占据一席之地？这么说怕是为时尚早。近几年来，一些有关顺势疗法的最有意思的问题浮现了出来，它们关切的是，这些方法缜密的研究在何种程度上支配了我们的临床决策。顺势疗法从业人员似乎把循证医学（evidence-based medicine）的开创者也拉到了他们那一边。循证医学的领导者就他们不主张的东西有一个典型的说法，让我们看看他们是怎么说的：

> 循证医学不是“烹饪书”医学。因为，它要求一

> 种自下而上的方法将最可信的外部证据同个人临床上的知识技能、病患的选择整合在一起，在治疗个体病患的过程中，它不会导致盲从守旧、生搬硬套。外部临床证据可以影响个人在临床上的知识技能，但它们绝不能取代后者，而且，正是临床上的知识技能决定了要不要将外部证据用于个体病患，以及如果要用的话，这些证据又该如何并入临床决策。[26]

有关顺势疗法的争论，最有意思的地方并不在证据层面；它所关注的问题是，医生在处置个体病患时，这种证据基础能有多大的支配权。英国顺势疗法协会坚称，"顺势疗法的治疗方案往往为个体量身定做。其处方不仅基于患者的病症，同样亦基于该患者所独有的因素，包括他的生活方式、情绪、个性，饮食习惯以及病史"。[27] 顺势疗法从业人员似乎仅仅把他们的判断集中在个体病患的需求上，就连医学主流也拒斥的"烹饪书"方法他们都未有采纳。

说了这么多，也许有人依然会惊叹，顺势疗法怎么就能在一种更为"整体的"（holistic）医学形态——这种医学将其注意力放在个体病患的需求上，而不是将病患视为病症的所在——中发挥作用。毫无疑问，一旦我们对病患的特殊状况有了全面了解，基于最强证据的治疗方案就不再是正确的了。可能会有这样一位顶级运动员，她非常渴望在其职业生涯结束之际参加一届奥运会，为此她宁可服用止痛药，也不接受手术，哪怕前者有致残的风险。出于对个人选择的尊重，富有责任心的医生也许会在这种情况下为其开止痛药片。临床判断的重要性在于它得符合病患的特殊情况，这一点不容忽视，但顺势疗法的处方怎么就成了临床判断的结果？

的确，有不少人声称，在服用了这类药物之后他们感觉好多了，而且，证据也没有否定他们的说法。人们在吃了安慰剂之后确实感觉会好很多。一些医生也见证过许多这类身体状况方面的改善，对此他们可能会觉得，比起那些诊治典型病例的对照试验所给出的抽象建议，他们对诊室中那些个体之需求的判断有时候更有影响力。然而，假使上文中提到的那个来自澳大利亚的研究正确地认定，证据"不能证明，对于已公布的人体疾病，顺势疗法是一种有效的医疗手段"，那么，一个人怎么就开出了顺势疗法的药方？

答案取决于我们如何理解安慰剂效应本身。[28] 参比安慰剂进行的试验性疗法可以让我们把安慰剂效应看得无足轻重。但是，安慰剂效应并非可以忽略不计，它也不是到处都一样。服用一颗糖丸可以让某些人感觉好一些。而服用四颗糖丸可以让他们依旧如此。宽泛地说，安慰剂的介入强度与其功效有关，因此，若是给某人注射生理盐水，这一扩散性过程就会让人觉得它的效果要比吞食药片更好，类似地，大药丸似乎比小药丸有更强的药效，而胶囊比片剂更有效。[29] 就连与医生交谈或向医生咨询似乎也可以缓解不适，而且这些过程越详细、越正式，其结果就越有效益。

我们可能会把这一切说成是“不过安慰剂而已”，然而，我们也可以不加歪曲地说，征询意见、与有关专业人士就关心的问题进行讨论，以及为个体的病症做精心准备，这些过程都可以对健康产生积极作用。充分征询顺势疗法从业者的意见可以带来不少好处，其好处甚至可以超过与主流医师短短五分钟的谈话——特别是当患者对主流传统抱有怀疑的时候。要知道，“反安慰剂”效应（nocebo effect）——安慰剂的坏兄弟——能让那些对治疗效果持消极态度的患者正好遭受他们预期的坏结果。在这种情况下，就连一颗糖丸也能造成伤害。[30]

当然，如果顺势疗法从业者不让患有严重疾病的病人服用对其疾病有积极作用的药物，如果他们不让病人寻求主流医师的诊治，那他们就是完全缺乏责任感。那些做法会给患者带来明显的伤害，甚至死亡。但是，考虑下轻微抑郁或中度抑郁这类疾病。高水准的临床试验表明，在用于治疗这类疾病的主流药物所产生的积极作用中，有不少可以完全解释为安慰剂效应。[31]（该解释对于更为严重的抑郁症并不成立。）那么，让我们设想，一位抑郁症患者曾在主流医师那里受到过精神创伤，因此极度地怀疑主流医学，他非常希望能够找到替代治疗。也许抗抑郁药通常所具有的有益作用拿这样一位病人没有办法，因为强烈的反安慰剂效应抹掉了药效中通常有用的安慰剂成分。而且，抗抑郁药可能还有不良副作用。反观那类顺势疗法药物，它们既没有副作用，也没有伤害性的反安慰剂效应，有的只是非常积极的安慰剂效应。

不仅如此，顺势疗法医师还花时间发现了该患者恐惧主流医学的心结所在，并为该患者提供了一套真正有益健康的医疗服务。我们对安慰剂和反安慰剂的认识支持这一结论：鉴于具体病患有着自己的期望和病症，比起主流疗法，顺势疗法对一些人更为有益。就有着个殊性的种种情况而论，那份极其重要的澳大利亚评估并未将负责、审慎地使用顺势疗法拒之门外。

眼下，关于顺势疗法之对错的讨论很可能就变成有关使用安慰剂的伦理讨论。特别是，我们也许会疑惑，使用安慰剂是不是一种欺骗。这些问题的答案还不明朗，对它们的细致评估必定还有待时日。不过，现在我们已经注意到，即便人们意识到他们是在服用安慰剂，最近的研究却也表明，安慰剂效应并未消失。[32]可以说，就算在患者知情的情况下，安慰剂依然有效。此外，人们通常并不想知道医生在诊治他们时所发生的一切：如果医生拿给病人一片安慰剂，相当真诚地说："这种药对你的病有很好的疗效，虽然我们并不完全知道它的药理机制。"病人为什么就不该放心呢？全世界的医生在使用安慰剂时正是这么做的。[33]

和经济学、智能设计理论的身份问题类似，顺势疗法的身份问题不能通过引入一个单一的科学 / 伪科学划分标准就得到最好的解答。我们需要用各种手段来评估这些非常不同的事业之资质，但这些手段足以让我们平复这种担忧，即一提到科学就怎么着都行。

扩展阅读

有关经济学及其差异性的简介。见：
Ha-Joon Chang，*Economics: The User's Guide*（London：Penguin，2014）。

关于经济学作为一门科学的身份。见：
Daniel Hausman，*The Inexact and Separate Science of Economics*（Cambridge：Cambridge University Press，1992）；
Alexander Rosenberg，*Economics: Mathematical Politics or Science of Diminishing Returns?*（Chicago：University of Chicago Press，1992）。

有一本文集均衡收录了有关智能设计的种种观点，见：
William A. Dembski and Michael Ruse（eds），*Debating Design: From Darwin to DNA*（Cambridge：Cambridge University Press，2004）。

就我所知，目前还没有什么好的哲学著作论及顺势疗法这一主题。但是，有一部非常优秀的著作处理了与循证医学有关的问题，其中还包括对安慰剂本质的细致讨论。见：
Jeremy Howick，*The Philosophy of Evidence-Based Medicine*（Oxford：Wiley/BMJ Books，2011）。

第三章

CHAPTER 3

“范式”之范式

波普尔 vs. 库恩

刚刚开始接触科学哲学的学生通常会先遇到波普尔的观点，但不久就会将其拆解掉。我们在第一章干了同样的事情。接着，他们会去了解托马斯·库恩（Thomas Kuhn）给出的科学图景。两位思想家强强相遇，他们为科学成就、科学中发生的转变之本质给出了解释，而这两路解释可谓针锋相对。波普尔扮演了科学理性主义与科学进步论捍卫者的角色。我们已经看到，科学家乐意见到有一位哲学家能够恰如其分地恭维他们共同的科学自尊，因此，在拥抱波普尔的观点时他们表现得异常热切。

而库恩秉持的观点似乎对人们所珍视的科学进步观构成了巨大的威胁。随处可以读到，库恩否认科学思维模式的转变是理性的，更有甚者说，库恩否认科学能取得进步。他时而受到指责，说他将公认的科学智慧的转变贬损为某种非理性的羊群行为(herding behavior)或“群氓心理”(mob psychology)。因此，他受到许多科学中人的质疑也就毫不稀奇了。

那些试图把波普尔和库恩对立起来的努力源于对两人著作的严重歪曲。所以，我们在一开始就有必要澄清这一点：库恩着实认为，科学能够取得进步；他也相信，科学理论的转变是理性的。实际上，对库恩之工作的恰当理解表明，他的观点绝非奇谈怪论，远比那些肤浅的解读来得有说服力。相比之下，波普尔（如第一章所见）却在根本上将科学思想奠基于集体约定，他的这一想法更容易被指责为非理性和群氓心理。

托马斯·库恩（1922—1996）

库恩于1940年进入哈佛大学，本科期间主修物理学。1945年，他开始做博士研究——依然是物理学，依然在哈佛——但是，他的兴趣已经远远超出了其论文量子力学和磁学的主题。攻读博士学位期间，他同时也在哲学领域工作。他在哈佛校报《深红》（*The Crimson*）担任编辑，同时还是文印社（Literary Signet Society）的主席。[1] 20世纪40年代末到1956年这段时间里，库恩为哈佛的文科生开了一门课，想让他们了解科学领域的工作。这是他首次介入科学史，其教学重点是上至亚里士多德的历史个案研究。1956年，库恩前往加州大学伯克利分校哲学系任职，但其职位隶属于科学史，而不是科学哲学。在那里，他开始研读维特根斯坦（Wittgenstein）、费耶阿本德等人的哲学著作。

到目前为止，库恩最广为人知的著作是《科学革命的结构》(*The Structure of Scientific Revolutions*)(以下简称《结构》)，它篇幅不大，但引人入胜、非常重要。这本书写于1962年，收入所谓"统一科学的国际百科全书"(International Encyclopedia of Unified Science)系列。《结构》的首版收录于这一系列颇具讽刺意味，因为库恩的观点通常被认为与这一观点——科学作为一个整体构成了一个统一的复杂体系——相对立。1964年，库恩离开伯克利前往普林斯顿大学，后来又于1983年去了麻省理工学院。他的许多后期著作致力于澄清、修正并应用他一开始在《结构》中提出的观点：例如，在他1996年去世的时候，他还在写一本书，该书意在探索一种关于科学知识增长的演化观，而早在《结构》一书中他就曾捍卫过这一观点。

科学革命的结构

《结构》的核心论点是，科学转变是周期性的。当各路调研团体基本上就何为出色的研究快要达成共识时，"常规科学"(normal science)长期以来的发展就会被偶发的、剧烈的观念"革命"所中断。库恩例举了若干实例，比如，16世纪尼古拉斯·哥白尼(Nicolaus Copernicus)提出的日心说；20世纪初爱因斯坦引入的相对论时空观。

库恩说，革命出现之前会聚集一大批"反常现象"——尽管科学家卯足劲地想把它们塞入公认的解释框架，但任何已被奉为圭臬的科学方法均无法解释这些棘手的现象。革命之后，科学家转而拥抱某种新方法，因为它能够解释引发危机的那些反常现象。库恩表示，科学共同体为此可能需要调整他们的人数：有时候，某种新方法能被接受下来的唯一途径便是老一代的守卫者从位子上退下来，或者死掉。[2]“常规科学”将会开启一段新时期，直到最终出现另一批反常现象，另一次危机，另一场革命。库恩的科学图景大致就是这样。但它包括哪些细节呢？

在库恩所谓的“前范式”（pre-paradigm）阶段，科学学科有这样一个特点：科学实践者之间有相当大的纷争，这种纷争往往就其事业的恰当基础诉诸明确的理论讨论。在早期思想家那里，对于正当的科学训练要求哪些内容，他们聚讼不休，什么是有价值的成就也众说纷纭。我所从事的哲学就几乎总是处在这样一种状态：满世界的哲学系每天都有许多重要的活动，然而，对于哲学是否应该着眼于那些伟大哲学著作的历史、揭示各种棘手概念的意义、发掘有关宇宙之本质的基本事实、为科学研究的重要性提供一个慎重的综合，学院里的哲学家并无把握。就连什么是优秀的哲学工作也存在着巨大的分歧。在一些人看来，维特根斯坦是一位恶毒的反哲学家，其所作所为给哲学造成了极大的伤害；而另一些人认为，维特根斯坦是独一无二的思想家，他揭示了西方哲学传统中的悖谬。一些人觉得德里达（Jacques Derrida）的工作是突破性的，但也有人认为他假充内行。

库恩说，科学知识领域在一开始都有这种前范式的特点，它也是目前哲学的特点。这怕不是巧合，对于今天的许多（也许是全部）科学学科来说，它们最初不过是哲学中充满玄想的分支。最后，库恩说，各种探索领域进入到他称之为“常规科学”的阶段，接受“范式”的引导。

近些年来，“范式”一词被广泛地用于各种官话套话，对此我们一定要小心，免得被它洗脑。我们先来看看库恩到底是怎么说的。在《结构》首版七年后的一篇重要的“补充说明”中，库恩承认，他也许在多达22种不同的意义上使用该词。[3] 我愿接着库恩本人（以及我的前同事利普顿）的思路把范式当作特定意义上的典范（exemplar），这一点格外重要，也就是说，我们把它当作重要科学成就的公认实例。[4]

范式，典范意义上的范式，既不是某种思维方式、世界观，也不是某种训练。典范指的是解决某一科学问题的特定例子。它是科学共同体中的每一个人（或基本上每一个人）认可的一件工作，是值得赞赏，值得效仿的。例如，孟德尔（Mendel）在豌豆代际遗传方面的工作最终在20世纪的遗传学家那里获得了应有的地位。艾萨克·牛顿于1687年出版的《原理》（*Principia*）数百年来都被视为典范。因此，达尔文在组织《物种起源》（*Origin of Species*）时，很可能就按照维多利亚时代的做法来表述和捍卫科学假说，而这些可取的做法正是基于维多利亚时代的科学人的不懈努力，他们准确地把握住了使得牛顿的工作如此出色的方法。[5]

库恩的“常规科学”概念意在提出这样一个想法：此类科学的日常运作是指特定学科的科学家知道他们该干什么，因为他们全都同意以过去的种种成就为典范。但这并不是说，共同体中的所有科学家都是以同样的方式工作：实际上，当库恩告诉我们，科学受典范而不是规则的引导时，这一点才是他想要透露的关键信息。

观察一下那些与科学相当不同的其他活动，我们就可以非常容易地看到科学受典范引导和科学受规则引导这两个观念的差别所在。专业主厨也许都会同意，本世纪头十年，费朗·亚德里亚（Ferran Adrià）在其位于加泰罗尼亚（Catalonia）的牛头犬餐厅（*El Bulli*）所呈现的烹饪作品是顶尖厨艺的典范。虽然他们对其厨艺何以如此之精湛意见不一，但他们可能达成这样一个共识：尽管当他们按自己的理解“像他那样”做菜时出现了相当大的偏差，但亚德里亚的厨艺还是值得效仿的。这些追随者的烹饪风格不可能一致。相比之下，那种基于规则的进路就是旨在将精湛厨艺所涉及到的一切汇编为规则，由之制定出一套相当明确的方法。英国的许多业余厨艺爱好者因此生搬硬套，试图再现迪莉娅·史密斯（Delia Smith）的精湛厨艺，他们对其每一个操作的每一处细节亦步亦趋，甚至和她用同样的炊具。库恩的要点在于，虽然科学家也许会一致表达他们对牛顿所获成就的钦佩之情，但对于一个特定的研究者来说，他如何理解什么叫严丝合缝地按照《原理》的工作方式工作，这里并无定见。科学家受典范的引导，但是他们并不受操作手册（一本细致规划的、用以告诉他们如何探索世界的操作手册）的束缚。

这将我们带至“常规科学”这一概念的第二个要点。人类基因组的第一次完整测序——或更确切地说，对我们这个物种据称有着代表性的基因组的初步测序——是一项里程牌式的成就，它于 2001 年首次公布。[6] 自那时起，对于人类基因组如何变化，我们就有了越来越详细的资料，而且我们还得到了其他许多物种的全部基因组序列，比如狗、水稻以及鸽子的基因组。[7] 对于配有合适的器材、接受过良好训练的人来说，基因组测序已不再是项挑战。于是，我们很容易就把最初的那个人类基因组测序项目视为典范，而把随后的那些项目仅仅看作常规基因科学的实例。不过，在库恩看来，这么想会让人误以为，常规科学仅仅是“更多地复制”（much of the same）——机械套用早先那些较有名望的科学家所探索出的工作方法。

库恩并不是暗示，常规科学——大部分科学家在大部分的时间里所从事的工作——没有创造性、毫无生趣、琐碎无关紧要，是基于算法的。库恩的观点是，科学的创造性常常在于，我们要能将一个摆在我们面前的新问题转化为一个与之类似且我们已经知道如何去解决的问题。伽利略一开始观察的是小球沿斜坡滚下时的情形。当小球冲上另一道斜坡时，无论这一道斜坡有多么陡，小球的上升高度几乎和它被释放时的高度一样高。于是他觉得，我们可以将钟摆的摆动看成是小球的这种往返运动。然而，对于真实的钟摆，其下方有一个很重的摆锤，连接摆锤的摆杆或摆线也参与了摆动，它们的质量不可忽略。荷兰自然哲学家克里斯蒂安·惠更斯（Christiaan Huygens）后来发现，我们可以更加细致地理解整个钟摆的运动，只要我们将整个钟摆看成是沿摆线或摆杆分布的一系列联结在一起的钟摆。换句话说，他把真实的钟摆看作一系列简单的伽利略钟摆之集合。惠更斯将伽利略视为典范，而库恩认为，正是出于此，惠更斯的工作是常规科学的一部分。[8] 常规科学是一种巧妙的适应，它将我们当前不理解的东西转成那些我们已然理解了的东西。

一段时间之后，常规科学可能会进入库恩称之为“危机”的阶段。在危机阶段，棘手的现象开始聚集，典范式的创造性工作再怎么也无法解释这些现象。科学进入了一个自我怀疑的阶段。由于科学家不确信那种风格醒目的工作还能否为这些棘手的现象给出解释，他们不再竞相模仿其典范，而是开始猜度合适的科学方法应该是什么样子，或他们的典范是否遭到了误解。换句话说，他们把精力更多地放在做哲学工作而不是做科学工作。最终，一个新的理论出现了，而且，通常是那些不怎么迷恋典范的青年学者使新理论流行起来的。如果这一新理论可以解释先前理论所不能解释的反常现象，那么，老一代的典范就最终会被抛弃，而新的典范得以加冕。新一轮的常规科学时期开启了。科学革命爆发。

当库恩在描绘科学革命的一般模式时，他脑子里都浮现了哪些情景呢？牛顿认为，空间是某种实体（substance）——一个无限大的容器，所有事件都发生于其中。他同时代的人戈特弗里德·莱布尼茨（Gottfried Leibniz）反对这一观念：在莱布尼茨看来，对于物理存在，比如桌子、椅子，我们可以表明它们在空间上是如何相互联系的，比方说，椅子在桌子的左边，但我们没有必要认为空间本身是某种类似容器的实体。

到19世纪末，物理学家越来越多地倾向于接受光的波动说，这似乎使牛顿的实体空间观得到了支持。声波借空气中分子的振动传播，因此它无法在真空中传播。而在海洋中，声波借水分子上上下下的运动传播。那么，当光从一个地方传播到另一地方时，又是什么物质媒介在振动呢？不是空气，因为光可以在真空中传播。这些物理学家似乎认为，光必须借空间这一实体本身——它没有质量，物理学家称之为介光以太（luminiferous aether）——的震荡方能传播。[9]

人们设计了大量愈发精巧的实验来侦测外裹于地球的介光以太，问题是所有这些实验都失败了，起码可以说，它们没能给出估证以太存在的决定性裁决。[10] 以太变成了一个反常的事物，看来主流理论似乎是出了什么问题，但物理学家怎么也无法查明问题出在哪儿。直到 1905 年爱因斯坦发表了狭义相对论，物理学家才立即转变了观点：光不需要以太，而且更一般地，它也不需要牛顿式的空间——那个装着所有物理事件、无限大的容器。爱因斯坦引发了库恩所谓的科学革命。

不可公度

库恩关于科学革命的言辞让人想起了宗教皈依。也许出于此故，库恩常常被描绘为这样一个人——他认为伴随科学革命出现的理论上的巨大转变是非理性的：科学家从旧世界观到新世界观的转变似乎必定是一次信念上的飞跃。库恩最有名的主张——不同范式的理论间是不可公度的（incommensurable）——进一步增强了这一印象。库恩本人断然否认科学理论的转变是非理性的，不过，唯有我们去了解他的“不可公度”（incommensurability）概念，我们才能理解他为什么这么说。

一个优秀的科学理论研究的标志是什么？当一个理论优于另一个理论时，我们将如何做出裁决？如前所述，库恩认为，常规科学受共同典范的引导。科学共同体把一项特定的科学工作树立为典范，随之亦将那种作品——牛顿的《原理》、达尔文的《物种起源》、孟德尔有关豌豆实验的著作——设为高品质的标准。若确如库恩所言，典范以这种方式设立标准，而且会在科学革命期间发生改变，那么，问题便随之而来：科学的哪些优秀部分将在革命之后发生改变？当库恩说革命中到处可见的理论改变是不可公度的，其意为，它们没有共同之处可供我们对其优点加以评估，因为标准来自典范，而典范并非恒久不变。

库恩认为，典范以多种方式决定科学的标准。他颇为坚决地主张，有一些非常普遍的评估标准在历经科学革命后也不曾改变:在任何时间，科学家都偏爱那种能准确预言现象的理论，他们更希望理论是简单的、一致的，在阐释说明那些已然确立下来的科学知识时是合理的。即便如此，我们还是来看看这其中的一个标准是怎么回事。说某个理论是简单的，我们是想说什么呢？是说它易于掌握吗？还是说该理论断言了非常少的新理论实体（theoretical entity）？又或，我们的意思是，这些新实体之间的关系可以用形式优雅的方程式来表述？简单可以有许多种理解。

不仅如此，这些历经革命而被保留下来的优点很难全都转向同一个方向。设想我们必须在两套理论之间做出选择。其一在数学上优雅无比，但在说明已存在的知识方面它似乎极不合理。另一套理论和我们已知的东西相吻合，但它只能从丑陋的方程式起步。我们该偏向哪套理论呢？是简单性胜过合理性，还是反过来？库恩的想法是，科学共同体忠于追随典范的做法会激发他们去诠释各单个标准的意义、平衡相互竞争的标准。这么说来，当量子力学在20世纪初被提出来的时候，我们似乎就没法中立地评估其地位。其强大的预测力是否就该让我们对理解上的困难置之不理？它如何才能与其他的物理学领域整合在一起？——此间涉及的因素事关重大。但在不同的科学传统中，它们却有着不同的权重。

库恩所强调的"不可公度"涵盖了诸多主题，但他小心谨慎地对这些主题的重要性做了限制。库恩声称，当科学家出现分歧时，逻辑不会告诉他们哪个理论更好。他们也无法通过演绎来确定，比方说，应该如何理解简单性、如何权衡简单性与合理性。库恩这么说时，他并不是在说科学理论的改变是非理性的，或者像某种信念上的盲目一跃。相反，他的主张是，当科学家作出这些决定时，他们动用了某种技术性判断，但这种技术性判断不能被理解为逻辑算法的机械运用。它可以是理性的、有理由的，而且最终可以说服异议者。

设想我用两把不同的尺子来量我的两个孩子的身高。我发现，其中一个是120厘米，而另一个是3英尺2英寸。他俩哪个更高呢？很明显，其中一次用的是公制系统，而另外一次是英制系统，但这并不会给我的比较带来什么麻烦，因为我可以将它们转换为同一种单位的长度。类似地，有人可能会想，只要我们找到某种方法将一种范式下的各种发现转译为另一种范式的语言，我们就可以逐字逐词地比较它们。这时我们说爱因斯坦的体系优于牛顿的体系也没有什么问题，因为我们可以用爱因斯坦的语言来阐释牛顿的工作。

特别是在库恩后期的著作中，他经常就翻译的限度来谈“不可公度”这一概念。[11] 他借法语“*doux*”一词来说明上述问题。我们很难精确地将该词译为英语：[12] 说法语的人会说枕头是“*doux*”，而说英语的人会说，枕头是柔软的；他说黄油是“*doux*”，而说英语的人会说，黄油是无盐的；他说酒是“*doux*”，而说英语的人会说，酒是甜的；他说小孩子的举止“*doux*”，而说英语的人会说，小孩子们乖顺。不仅如此，在法国人听来，“*doux*”并非意义含混：它不像英语词“bank”有两个截然不同的意思（银行和河岸）。“*doux*”在法语中只有一个意思，只不过它的意思要比任何一个与之相应的英文词的意思都宽泛得多。

我们大概会同意，像“*doux*”这种词确实无法精确地译为英语，因为没有哪个英文词可以和这个法语词有同样的意思。一些关键的科学术语，比如“质量”“基因”，它们的意思也曾发生过变化：从牛顿的理论到爱因斯坦的理论，“质量”一词的意思不尽相同；从 20 世纪初孟德尔（当时他对染色体的内在性质一无所知）的主张，到沃森、克里克等人有关 DNA 双螺旋结构的工作，再到今日的分子生物学，“基因”的意思也在改变。库恩的想法是，对于法语中有关无盐黄油的看法，我们无法用英语传达出它的全部内容，与之类似，我们也无法用爱因斯坦的语言传达出牛顿的总体构想的全部内容。

我们不可能给出精确的翻译，虽然这一点有助于理解不同范式间的不可公度，但库恩对它的重要性也有所保留。即便法语无法被精确地译为英语，法国人和英国人也完全可以相互交流，而且，人们也大可以为法语文本给出实用的英语翻译。此外，虽然我们做不到精确翻译，但这既不妨碍说法语的人和说英语的人不同意彼此，也不妨碍他们可以解决彼此间的分歧，从而使双方都满意。如果我确信服务员要给我们拿来加盐的黄油，而我的法国朋友菲利普却认为这份黄油会是“*doux*”，那我们可以等到黄油端上来的时候尝一尝，由此来决定谁对谁错。同样，库恩说，尽管两位科学家工作在不同的范式下，他们的工作无法被精确地互译，但这既不意味着他们无法理解彼此，也不意味着他们无法通过各方都满意的实验来决定哪个范式更加优秀。[13]

不同的世界

库恩并不认为科学家会迷陷于自己的理论研究营造的氛围当中，从而无法理解、谈论，或相信其他替代理论的营造者。他的绝大多数细致阐发的观点完全是头脑清醒的。尽管如此，在《结构》著名的第十章，库恩的论述变得较为奇怪：他在此论证道范式转换革命有着极为深远的影响，其影响超乎想象。

库恩早年研读古代科学文献的经验将他引至这样一个观点：在不同范式下工作的研究者看来，宇宙本身呈现出不同的形态。在准备第一次科学史讲座课程的过程中，他阅读了亚里士多德的《物理学》（该书写于公元前 4 世纪），并天真地想去发掘“亚里士多德有多少力学知识，他给伽利略、牛顿等人留下了多少待发现的东西”。不出所料，库恩一开始就发现，尽管亚里士多德声名卓著，却对现代科学一无所知。更糟的是，亚氏的作品不仅无法理解，还很拙劣。但在仔细琢磨了亚氏的种种主张之后，库恩受到启发，改变了自己的看法：

> 我坐在桌子旁，手里拿着一根四色铅笔，面前摆着一本摊开的亚里士多德的《物理学》。我抬起头，出神地望着窗外——那情景我现在还记得。突然间，我的思绪以一种全新的方式组织起来，变得清晰明朗。我大吃一惊，原来亚里士多德是一位极为优秀的物理学家，是我做梦都不曾想到的那种。[14]

在《结构》一书很靠后的地方，库恩个人实现了对亚里士多德的格式塔转变（gestalt-shift），借此他正告读者，“革命之后，科学家就工作在一个不同的世界里”。[15]

主要因为这类论述，库恩曾被称为相对主义者。他似乎想告诉我们，当一套理论取代另一套理论时，不仅关于世界的科学看法会变，而且世界本身——它正是科学所要探究的对象——也会随革命发生改变。照此来看，种种争胜的理论并不提供对同一个宇宙的不同理解，反而是宇宙的本质取决于用以描述它的理论。库恩为什么会说出这样的话呢？

库恩是不是真想如此极端并不总是很清楚，因为他的措辞经常摇摆于温和与激烈的主张之间：

> 然而，我们真得把伽利略和亚里士多德，或拉瓦锡和普利斯特利之间的区别说成是视野的转变吗？这些人在面对同一对象时，他们当真看到了不同的东西？是否有一个合理的意义，在这个意义上我们可以说，他们是在不同的世界从事研究？[16]

库恩在此处发问：是说两位受不同理论支配的科学家确实有着看待事物的不同方式，还是说，虽然他们就其所见得到了不同的结论，但他们看待事物的方式毫无二致。库恩认为，我们应该接受前者。他认为，理论承诺对我们看待事物的方式有影响。其论证在很大程度上立足于视觉心理学。如果你戴上一副特殊的眼镜——它可以颠倒你视网膜上的图像，那么在一开始，你看到的所有东西都是头朝下的。你会失去方向感，变得笨手笨脚。但是，经过一段时间的适应，你看到的东西又都和以前一样了。一旦习惯了这种方式，那么唯有当你再次摘去眼镜，周遭的事物才会变得不对劲。

库恩认为我们的视觉经验具有可塑性，这一点儿没错；也就是说，我们看待事物的方式可以在我们的生活过程中发生改变。更特别的是，它可以被我们的信念改变：设想有一副纸牌和我们平时玩的纸牌不太一样，比方说，其中的红桃Q是黑色的，或黑桃四是红色的，那么，只要人们接触它的时间不太长，就不会注意到这其中有何异样，反而会把这些反常的纸牌认作正常的。对于事物是怎么样的，我们有自己的预期（在本例中，我们的预期便是我们熟悉的那种标准纸牌），这种预期会对事物的呈现方式产生影响。

技术训练同样也可以影响我们看待事物的方式：如哲学家伊恩·哈金（Ian Hacking）强调的，普通人在X射线照片上看到的只是光斑，最多有一些光斑让人联想到骨头，而有经验的医生在看到同样的照片时，他就能根据照片做出诊断。她看到一处肿瘤，而我们要么一无所见，要么只是看到模糊的形状。[17]于是，库恩说，训练和理论上的信念不仅会影响科学家从显微镜的载玻片或望远镜那里得到的结论，还会影响他们看待世界的方式。即便如此，从库恩温和的想法（两位科学家“看到了不同的东西”，在这个意义上事物向他们呈现出不同的样貌）到其远较激烈的想法（他们确实“在不同的世界”从事研究）之间还是有一个巨大的飞跃。

我们偶尔会有这样的印象：库恩的断言，即不同的科学家工作“在不同的世界”，仅仅是为了以一种引人入胜的方式生动地表达他更基本、更少争议的信念——当你的理论承诺发生了改变，世界也将开始变得不同。但是，库恩的主张——经过科学革命世界变了——并不仅仅是一种说法（*façon de parler*）。为什么呢？我们来看看库恩是如何借用 18 世纪德国哲学家伊曼努尔·康德（Immanuel Kant）的观点的。

库恩的康德主义

总的来说，人们不会就一物是什么颜色产生分歧。我们大多数人认为成熟的番茄是红色的、草是绿色的。我们有时也会犯错——可能我们看得太匆忙，也可能我们正在观察的东西处于某种特殊的光照下——但经过更仔细的观察，或将东西拿到太阳底下一看，我们就能更正自己的看法。尽管如此，许多科学家和哲学家（当然不是全部哲学家）主张，颜色并非存在于物体本身。[18] 相反，他们认为，颜色是人类视觉经验的产物。颜色似乎为物体所拥有，但这种表象仅仅是人类视觉系统处理进入到眼睛的信息的结果。照此观点，颜色并不是物质实体的真实性质。不过，由于各种感知系统大同小异，我们还是可以就何为物体“真实的”颜色给出一些相当牢靠的标准。

根据这一观点，颜色的本质并非独立于经验。可以说，经过非常粗略的简化，康德有关空间和时间的想法与该观点类似。它们，康德说，也不是独立于人类经验的宇宙特征。康德认为，这一根本性的提法有助于解释一些令人困惑的几何特征。到 19 世纪末为止，欧氏几何普遍被认为是对空间本质的准确描述。它似乎是一项躺在扶手椅里就能从事的活动：人们无需实验就能表明三角形的内角和是 180 度。然而，一门科学怎么能在告诉我们空间本质的同时而又无需与世界发生富有意义的互动呢？为什么我们无需做实验就能确定空间的本质？对此，康德在其写于 1781 年的《纯粹理性批判》(*Critique of Pure Reason*) 中辩护道，在某种意义上，如果我们认为空间的性质并非源于自然本身，而是来自于人类经验事物的方式，那么，这一难题就可以得到解决。

库恩信奉某种形式的康德主义。在库恩看来，世界本身并非独立于我们经验它的方式，如前所述，他也相信，我们经验世界的方式受到科学理论的影响：

> 发现氧气的后果之一便是拉瓦锡开始另眼相待自然。用不着诉诸那个由假说确立起来的、他“另眼相待”的自然，经济原则会促使我们认为：发现氧气之后，拉瓦锡就工作在一个不同的世界。[19]

正如许多哲学家试图否认世界中有真实的颜色，否认它们完全独立于人类感知者关注它们的方式，库恩认为，我们没有理由设定一个真实的世界、一个独立于人类科学家关注方式的世界。当然，鉴于大多数人都是以类似的方式看到颜色，所以，当某人告诉我们草是紫色的时候，我们满可以认为他看错了。但一般而言，这些正确性标准同人类的视觉相关。不同的物种有不同的视觉系统，因此有着不同的视觉识别能力和外观分类能力。大多数人类的眼睛中有三种视锥细胞（一些色盲人群只有两种），而金鱼有四种，企鹅有五种。[20] 因此，当我们谈论一朵花真正的颜色时，如果说花的颜色与碰巧在看这朵花的生物的种类无关，那我们就不知道我们所谈论的真正是什么。

如前所见，库恩着重指出，革命前后，科学家看待世界的方式不同。他认为这种转变和感知系统中的转变类似。当我们谈论那些认可同一范式的科学家时，库恩很乐意说一些人做对了，另一些人弄错了。但他否认有一种独立于所有理论研究来看待事物的方式。如同有关颜色之所属的正确性标准与物种相关，库恩认为，有关世界的种种断言的正确性标准与范式相关。正因为如此，库恩认为，科学家活动于其中的世界随范式转换而发生改变。

演化式进步

库恩的康德主义也解释了他的科学进步观。有人可能会认为，科学的进步为宇宙何以是这样一幅画面提供了愈来愈多的细节。但库恩否认有这样一种理解宇宙的方式：它与任何科学家团体有关事物何以如此的观点均不相关。就此而论，宇宙并不是一个科学家最终可以把握的稳定不变的研究对象。相反，在库恩看来，宇宙是一个动态目标：我们的范式变了，宇宙便会跟着改变。

由于库恩不认为有关于宇宙的稳定事实，所以他不能说，科学的进步在于，它会随时间的推移逐渐会同于那些关于宇宙的稳定事实。那么，库恩到底如何才能言之有理地谈论进步呢？在《结构》一书最后题为“经演化而进步”这一章，库恩援引达尔文的理论来阐明他的观点。如果说进步并不指向某种稳定的真理的话，库恩希望他可以通过类比达尔文的演化论来为读者解释进步意味着什么。同达尔文一样，库恩认为，演化是一个进步过程，但演化式进步并非始自某个稳定的、事先规定好的目标。[21]

设问：“对于某个生活在草原的物种，它们怎么就经过自然选择演化成现在的这个样子？”若就这么泛泛一问，真是没法有个好的回答。就算我们认为自然选择通过种种微小的改进带来进步，这一问题，即该环境中的一次改进可能会是什么样子，也取决于我们所谈论的对象是大型食植哺乳动物，还是昆虫寄生物，或是猛禽。此外，草原环境本身也是动态变化的：生物的吃喝拉撒、呼吸，尸体的分解都会改变它们的环境。[22]我们的问题问得不好，一部分原因在于，除非我们具体指出是在谈论什么物种，否则我们无法表明何为演化博弈中的前进，而另一部分原因在于，物种赖以栖居的环境是一个动态目标。

库恩的想法在很大程度上是基于他的康德主义。他认为，当我们问科学必须符合什么，我们发现答案试图描述的那个宇宙也是一个动态目标；当我们问什么才算是科学理论上的改进时，答案取决于理论如何构造世界。即便如此，库恩说，正如我们可以合理地认为自然选择偏袒那些先前就做出过微小改进的有机变异，科学共同体亦偏爱这样一些理论：它们相比于先前的理论，能够提供更好的解决方案。库恩拒不认为科学为世界——其结构与我们所认为的样子无关——提供了一幅越来越精确的画面。然而，科学仍能做出进步。由此我们便能理解，为什么库恩在回顾其工作时说它是“一种达尔文之后的康德主义”（post-Darwinian Kantianism）。[23]

评价库恩

本章旨在为库恩的科学进步图景带来一种理解与同情。但他的观点在多大程度上可以站住脚呢？

对库恩而言，常规科学和革命性科学在本质上就非常不同。常规科学重在他所谓的“解决难题”；也就是说，常规科学承担问题，确保我们就受人敬重的典范所做的创造性适应最终可以带来解决办法。革命之后，老一代的典范遭到排斥，新一代的典范被奉为圭臬。库恩说，当且仅当革命发生之时，世界才发生变化。尽管常规科学中的革新也有着相当程度的独创性和重要性，但这类较为平淡的发现不会对世界产生什么影响。

如果革命性科学和常规科学在这些方面有着质的不同，如果我们只是在处理某个特别富有洞见的常规科学，那我们最好能够表明这一点，否则我们就是置身于一场革命性的颠覆当中。当我们谈论那些涉及宇宙自身的理论时，我们会说，革命发生了，地球被从太阳系中心的位置上赶了下来，或爱因斯坦取代了牛顿，尽管当我们这么谈论时该区分看上去足够直观，但若我们把目光从物理学上移开，投向生物学这类科学时，我们该如何应用库恩的规划就变得很不清楚。

照任何标准看，达尔文的《物种起源》都是典范性的科学著作。[24] 不同寻常的是，尽管该书写于一百五十多年前，今天的实务生物学家还经常阅读它。当生物学家就一些有争议的科学问题发生争论时，他们常常设法拿达尔文来佐证。虽说达尔文的著作非常重要，但我们并不清楚它的出版是否是一场库恩意义上的革命。此外，如果连达尔文的著作都不算革命性著作，那我们必须得质疑，库恩就常规科学和革命性科学所做的区分到底能否用于生物学。

1859 年，在达尔文的书出版后不久，博物学家很快就转而支持该书主张的那种“物种变化论”（Transformism）的观点。换句话说，他们很快就被说服了，从而相信我们在这个世界上看到的物种全都是少量共同祖先的后代，它们经历了非常漫长的演化。不难承认，达尔文的著作必定是革命性的，因为它极大地改变了我们理解有机界的方式。但是，达尔文确实不是第一个提出不同物种也许有着系谱联系的人，他甚至也不是为此观点提供证据的第一人。同样的想法早在 18 、19 世纪就已由法国博物学家布丰（Buffon）、希莱尔（Geoffroy Saint-Hilaire）等人提出来了。[25] 物种变化论曾在科学圈广为流传，1844 年，在英国匿名出版的《万物志的残余》（*Vestiges of the Natural History of Creation*）——该书先于《物种起源》55 年出版——使该想法在普通公众中得到了广泛的讨论。[26]

达尔文的书甫一面世就在科学共同体中产生了深刻的影响，其影响不仅在于它拢集了各种各样支持物种变化论的大量证据，也在于它摆出了支持其观点且又令人信服的论据表述。达尔文所做的大量工作为物种变化论赢得了尊重，并使科学界的精英不得不接受该观点。虽然我们可以就此说，达尔文为已被接受下来的科学思维方式带来了重大改变，但这并不意味着达尔文的著作在库恩的意义上是革命性的。在《物种起源》出版之前，博物学家对物种变化论就不陌生。

虽说物种变化论并不是什么新想法，但自然选择却是。达尔文用这一新颖的解释来说明我们在动植物那里观察到的精妙适应性。达尔文理论的这一部分有别于那种宽泛的物种变化论观念——动植物是共同祖先的经过改进的后代。难道说，只有基于对这一假说——通过生存竞争物种适应了它们的环境——的确切表述，《物种起源》才能被认为是库恩意义上的革命性著作？

这种理解方式存在很多问题。首先，虽说自然选择是一个新想法，但它创造性地融合了许多老想法，对此，达尔文的读者们并不陌生。达尔文将自然选择类比为人工选择，对于这后一种现象，他同时代的所有人也不应感到陌生，因为当时的动物育种家罗伯特·贝克威尔（Robert Bakewell）等人在改良牛羊方面的工作已经取得了巨大的成功。

达尔文认为，育种家在农场干的事情，自然在野外干得更好。他称这种“选择”之所以可以实现，是因为野外种群的扩张超出了所需的可获取食物资源，其结果就是只有那些最能适应环境的种群才能生存下去。对于曾经读过托马斯·马尔萨斯（Thomas Malthus）于1798年出版的《人口论》（*Essay on the Principle of Population*）的人（比如达尔文）而言，这一想法同样并不陌生。因此，我们就搞不清楚：是该认为达尔文创新地整合了现有那些令人尊敬的著作的要素，因此有了常规科学的特点，还是将其洞见理解为对已有范式的破坏。不尽如此，达尔文并没能让他同时代的人相信，自然选择是适应性改变的重要动因。[27]

不难看到，达尔文在推广自然选择这一想法时为何会陷入麻烦。例如，苏格兰工程师詹金（Henry Fleeming Jenkin）对《物种起源》就有相当负面的评论，他问道，我们凭什么要去相信变异的反复循环和选择性竞争可以产生不断改进的适应性。[28]举个实例，我们为什么要相信达尔文的自然选择原理能够如他保证的那样解释狼不断提高的奔跑速度呢？设想这类有益变异极为罕见。也许在整个狼群中只有少量成员天生比其他的狼跑得稍微快一点。其结果便是，它们会拥有更多的后代。但是，由于这种有益变异很罕见，所以情况很可能是，那些速度较快的狼所找到的配偶基本上只能以平均速度奔跑。其后代的奔跑速度也将接近平均水平，而非接近双亲中更迅捷一方的奔跑速度。同样，这些后代很有可能与速度一般的狼交配。假以时日，詹金说，由于平均样本参与了交配，该过程反复循环导致更快的奔跑在一开始所积累的利好将被冲淡殆尽。

达尔文认为他可以回应詹金的质疑，但其回应与我们今天所给出的回应大相径庭。达尔文认为，微小的有益变异其实相当常见。所以，拥有更快奔跑速度的狼经常会从种群中冒出来。他还认为，生存斗争异常残酷，致使平庸的个体在能交配前就已死掉。最后，他认为，这种倾向，即繁衍出更快奔跑速度的后代，本身是可以继承的，结果，一旦自然开始就选择了快速奔跑，那么，能够跑得更快的狼的数量就会越来越多。

达尔文就詹金的质疑所做的努力与我们今天的自然选择之图景相去甚远。[29] 和达尔文一样，演化生物学家认为，詹金错误地以为由于交配过程的反复循环，有益变异就会丧失掉。但与达尔文不同的是，今天的演化生物学家主张，基因遗传——达尔文显然不可能知道这些东西——的本质使得有益变异可以保留下来，也就是说，本例中那些有着更快奔跑速度的狼即便同其他平庸个体交配，其速度上的优势也可以保留下来。对于这个例子，我们需要精细的数学工具，但达尔文本人从未处理过复杂的数学。直到20世纪20年代，经过剑桥统计学家、遗传学家费希尔（R. A. Fisher）等人对演化论所做的数学化处理，生物学家才普遍接受了自然选择学说，承认它是演化过程中的强大力量。[30]

回顾历史，可以说达尔文的著作为自然选择给出了充分的理由，但实际上，相当长的时间之后，经过费希尔等人的努力，自然选择才在实务生物学家的解释工具箱中有了一席之地。总之，要是照库恩的观点看，我们就很难理解生物学的历史，因为像《物种起源》这种著作是否引起了革命并不清楚。当然，库恩接受的是物理学训练，他的方法是力图去解释科学实践中更为宽广的多样性。但特别需要指出的是，其宏大的范式转换框架似乎并不适合解释生物学中的理论变迁。

典范的多元化

当我们试着以一种库恩式的风格看待生物学时，最大的问题便浮现了出来，该问题对于库恩所探讨的典范有着更为显见的重要性。库恩本人似乎认为，革命发生之后，旧典范将被抛弃，由新典范所取代。但为什么会这样呢？别忘了，典范是一项具体的成就——某种值得效仿的东西。库恩本人强调，某种东西被看作是令人钦佩的这一事实还不足以完全回答什么使其成为令人钦佩的，或应该如何效仿它。反过来，这也让我们困惑，旧典范为何要在革命之后被完全抛弃。难道我们就眼看着它们消散在历史的长河中，却无法对其再做阐释？

在前文中我们已经看到，达尔文就自然选择如何运转做了细致的说明，但其说明方式和今天的结构生物学家所用之方式大不相同。例如，它没有用到数学，而且为了反驳詹金的诘问，它在很大程度上还依靠了残酷的斗争这一概念。它声称，继承下来的东西不仅包括变异，而且还包括定向产生变异的能力，当然，它没有提到基因。对现代生物学家而言，演化过程的数学化处理依托于基因遗传，费希尔于 1930 年在其代表作《自然选择的遗传学理论》（*The Genetical Theory of Natural Selection*）中提出了这一方案，它是演化生物学工作方式的主要典范。但所有这些并不意味着《物种起源》不是一个主要的典范，因为《物种起源》对于如何就生物的演化建立起一套有着充分证据的说明还是给出了鼓舞人心的图景，在这幅图景中，自然选择（尽管达尔文的自然选择并不是我们现在的这个样貌）处于核心位置。

对于达尔文本人及其同时代的维多利亚时期的人而言，牛顿的《原理》也曾是科学中的典范性著作——不是因为达尔文想找到牛顿式质量或空间在生物学上的相似之物——而是因为达尔文相信，牛顿的著作在总体上展示了如何为新的假说给出令人信服的论据。今天的我们不再认为牛顿的宇宙学说是正确的——在这个意义上他的著作被取代了——但这并不是说牛顿的著作不再是坚持不懈的科学活动的典范了，在同样非常一般的意义上，它在达尔文眼中仍是典范。纵使作为典范的那些可能被认为是最重要的成就暂时会黯淡失色，我们也无需将它弃置一边。如果典范确实被保留了下来，并在科学史的诸多论域中得到了重新阐发，那我们就更难再去谈论什么大规模的范式转换了。

库恩的著作中有很多值得赞赏的地方，特别是，他坚信典范在引导科学的过程中发挥了重要的作用，从而避免了把科学活动降格为对规则的机械套用。但这并不意味着我们得保留时下库恩最广为人知的想法。是时候终结革命性的范式转换这一范式了。

扩展阅读

最重要的读物当然是库恩本人最具影响力的作品。最近，该书的50周年纪念版出版了，哈金为其写了一篇颇有助益的导读。见：
Thomas S. Kuhn，*The Structure of Scientific Revolutions*，*50th Anniversary Edition*（Chicago：University of Chicago Press，2012）。

库恩后期有一部重要的文集也值得一读：
Thomas S. Kuhn，*The Road since Structure：Philosophical Essays 1970-1993*（Chicago：University of Chicago Press，2000）。

关于库恩、波普尔、拉卡斯托等人就本章所涉事项的重要争论，见：
Imre Lakatos and Alan Musgrave（eds），*Criticism and the Growth of Knowledge*（Cambridge：Cambridge University Press，1970）。

有两本书对于理解库恩的学说非常有帮助：

Alexander Bird， *Thomas Kuhn*（London：Acumen，2001）；
Paul Hoyningen-Huene，*Reconstructing Scientific Revolutions：Thomas S. Kuhn's Philosophy of Science*（Chicago：University of Chicago Press，1993）。

不久前出版了一本令人着迷的库恩研究，其中详述了他的历史背景和制度语境。见：
Joel Isaac， *Working Knowledge：Making the Human Sciences from Parsons to Kuhn*（Cambridge， MA：Harvard University Press， 2012）。

第四章

CHAPTER 4

但那是实情吗？

如其所是的自然

种种科学对人类的许多伟绩起到了巨大的推动作用。它们被用于将人类送上月球、制造核武器、控制女性的生育、创造个人电脑和互联网。但就科学所给出的世界图景而论，所有这些成就到底告诉了我们什么，敏锐的评论家们众说纷纭。科学是否准确描述了事物真正的面貌？抑或，科学是否给了我们某些极其重要的东西，但这些东西和我们真正的宇宙画面大为不同——也许它们只是一套关于计算观测的技术或一连串无所谓真假的精致故事，并通过其非凡的实用价值维系自身？

在涉足科学与真理的争论之前，我们有必要先做一些初步的评论。科学实在论（scientific realism）标示着这样一种哲学观点，即科学是一项追求真理的事业。它认为，随着时间的推移，科学将愈发准确地呈现它们所探索的那部分世界。但科学实在论者并未许下大诺，说科学能告诉我们一切的一切。他们也乐于承认，我们从人文艺术那里可以学到很多东西。此外，科学实在论者否认科学能够给予我们一幅完全准确的世界图景，也并不认可那种荒诞不经的观点——科学终结了。即便我们有了更为精细的自然图景，该断言，即科学给予我们愈发准确的描述，也为修正、改进留下了充足的空间。这意味着，科学实在论是一种值得考虑的立场：其对错均非显而易见。

这片刻的反思表明，就如何看待科学的种种成功而言，科学实在论并不是唯一妥当而又受人尊敬的看法。也许，我们应该像看待锤子或电脑那样来看待科学理论：它们非常有用，但和锤子或电脑一样，它们仅仅是一些工具而已。问一把锤子是不是真的，或它是否准确地呈现了世界是没有意义的，有人也许还会说科学与之类似：我们就该简简单单地问，它的理论是否与其目的相符。抑或，我们应该像某些引人注目的英国国教信徒看待圣经故事那样来看待科学理论：不管它们是鼓舞人心的虚构，还是形态成熟的谬误，我们仍会信持它们，因为它们有助于引导我们探索世界。[1]

直截了当地说，本章将为科学实在论提供辩护。但是，这一路径最终指向的结论并非直截了当，因此我们还是有必要设置一些路标。为了给科学实在论提供有力的论据，我们必须完成以下三项工作：首先，我们得对付最强大的反科学实在论的论证，即“非充分决定”（Underdetermination）论证。粗略地说，该论证认为，科学证据从未强大到可以区分两个全然不同的有关宇宙本质的理论。因此，非充分决定的拥护者认为，大量的科学证据从来都不能为这一结论——我们最优秀的科学理论是真的，或接近于真理——给出辩护。

其次，我们需要知道，是否存在任何有利于科学实在论的积极论证。到目前为止，基本上只有一个被称为“无奇迹论证”（No Miracles argument）的论证可以支持该观点。该论证的基本要点是，如果科学不是真的，比方说，对于物质组成的科学观点有严重的错误，那么，当我们基于科学理论来执行我们的计划时，我们就总是会出岔子。换句话说，支持科学理论之真理性的最强论据就是科学已取得的巨大成功。

最后，我们必须直面一个被称为“悲观归纳”（Pessimistic Induction）的论证。该论证欲借历史记录表明，一个我们现在认为是错误的理论并不为其过去在实践上所取得的巨大成功负责。比方说，我们现在根据爱因斯坦的相对论认为牛顿的空间学说完全错了。但是，人们正是运用牛顿的理论才成功地将人送上月球。若谬误竟能常常带来成功，那“无奇迹论证”就遇上了麻烦。又若过去的那些理论尽管有着实践上的成功，但它们总是可被当作谬误放弃掉，那我们最为珍视的现代理论也终将难逃此劫。

简言之，科学实在论者需要表明：非充分决定的种种考量是无效的；无奇迹论证是奏效的；还有，“悲观归纳”并不成功。这一章的目标就是依次明确地完成这些任务。

非充分决定

科学实在论的最大挑战来自这一现象，哲学上称为“资料对理论的非充分决定”（the underdetermination of theory by data）。[2] 这一长串颇为唬人的语词底下的想法很简单：说资料对两个争胜的理论是非充分决定的，无非是说，我们没有充足的证据来决定哪个理论是正确的。

非充分决定的情形并不仅限于科学。克里斯托弗·克拉克在《梦游者》（*The Sleepwalkers*）中表示，我们很难找到可供我们在一些可能的历史解释之间做出裁决的证据。关于一战的起因，他有一段令人印象深刻的说明：

> 重现费迪南大公在萨拉热窝的遇刺细节非常困难。暗杀者费尽心力地掩盖行踪，避免扯上贝尔格莱德。许多活下来的参与者拒不交待他们在这其中的牵涉。其他人要么对自己的作用轻描谈写，要么装疯卖傻以图掩饰，其结果便是证词前后矛盾，混乱不堪。密谋本身更无存世记录：实际上，所有这些参与者早就习惯了那种秘密行事的社会环境。[3]

正如克拉克犀利指出的，这类困难对于历史重现并不是致命的：新发现的日记和信件、解禁了的档案资料，或简单地对已有资料加以更细致的解读和对比，所有这些都可以充当新的证据使真相大白。在科学中同样如此。随着新资料的出现，刚开始带着几分猜测的假说可以变得更为牢靠。现代人类学的奠基人之一弗朗茨·博厄斯（Franz Boas）在1909年的一次讲座中评论道，达尔文早在1871年出版《人类的由来》（*The Descent of Man*）的大约四十年前，就对人类的起源做出了许多断言，但其资料基础相当不足。不过，时间和艰苦卓绝的工作给了这位人类学家新的考古学和解剖学上的信息，这些信息使达尔文的种种断言得以立足于一个大为坚实的基础：

> 在达尔文写下这些断言之际，与这里所引要点有关的证据还非常不完整，但是，他坚持不懈地寻找支持或反对其理论的努力让他对问题有了更好的认识……我们发现，积累下来的证据越来越多，它们相当确定地表明，人和旧大陆上的高等猿类有亲缘关系。[4]

今天，我们不仅有了更多的化石发现，还有崭新的证据形式——DNA分析、各种定年技术等等，所有这些进一步增强了我们的能力，使我们可以区别对待关于人类起源的各路假说。当然，问题还远未解决，但比起1871年的情形，这幅画面要清楚得多。

证据协调问题最终总是可以得到解决的，这一想法并没有给科学实在论带来麻烦。实际上，除非借助实验并对先前无法获取的资料加以悉心收集，由此在面对争胜的理论时，我们的选择才能从犹疑不决变得非常有把握，否则，我们就不知道科学还能怎样做出进步、如何才可以不断准确地描述世界。

科学实在论也承认，一些科学问题可能永远都得不到解答：也许，我们永远无法获得那种能告诉我们剑龙背骨板颜色的资料；也许，基础物理学中最晦涩难解的领域永远都是个谜。就非充分决定而言，它要对科学实在论构成威胁，就必须贯彻其不可知论的态度，而不是对我们最优秀的科学理论持一种时而正确的不可知论态度。

充分的反科学实在论论证要求我们以一种格外有力的方式阐明非充分决定论证存在的问题。我们不妨先给出以下主张，例如，无论我们收集了多少有利于我们最优秀的科学理论的证据，还是会有这种可能性，即其他一些理论对世界做出了全然不同的断言，但它们同样也能很好地解释我们所收集的证据。如果我们正好处于这样一种情形，那么，虽然我们可以出于许多实践上的理由来继续使用那个已被普遍接受了的理论——可能是因为它易于应用，或易于教授，或它有助于我们预测我们所关心的事件——但是，我们没有理由认为它是真的，或接近于真理。如果来自非充分决定的这一整体质疑确实奏效，那么，不可知论倒是一种正当的态度，甚至我们不得不对最优秀的科学也抱持这种态度。科学实在论将被削弱，因为我们的证据将总是无法区分有着根本性冲突的宇宙图景。

迪昂到笛卡尔

非充分决定问题的历史根源有时可以追溯到法国科学家、科学哲学家皮埃尔·迪昂（Pierre Duhem，1861—1916），尤见于他出版于1906年的《物理学理论的目的和结构》（*The Aim and Structure of Physical Theory*）。[5] 尽管将迪昂的观点与非充分决定论证相联系是一种很常见的做法，但我们理应警惕，不要将迪昂对科学方法的反思与那种经常伴随着强版本非充分决定质疑的怀疑论态度等同起来。

迪昂的主要目标指向那种对演绎效力——它告诉我们一个物理学假说是否错误——的盲目信任。他指出，如果我们的实验结果没能将理论所预言的东西组织起来，那么，有可能是理论本身有缺陷，也有可能是我们的仪器出了故障，或用以支持仪器应用的种种假设出了问题。

这正是我们在第一章遇到的那种情形。在那一章我们看到，格朗萨索于2011年所做的实验观测结果着实出人意料：那些观测似乎表明，中微子的传播速度超过了光速。但是，这些结果并没有让科学家们马上就放弃爱因斯坦的原理——没有什么比光行进得更快。尽管在一些物理学家看来，该原理可能有问题，但来自格朗萨索的反常结果同样有问题：实验装置是否调配得合适、用于计算中微子速度的各种方法是否正确等等。由此，迪昂从类似的事件中得出了一个普遍的教训：

> 物理学家无法让一个孤立的假说接受实验测试，他只能以一整套假说来接受测试。如果实验与其预言不一致，那么他至少可以知道，这其中的某个假说是不可接受的，应该加以修正，但是，实验并未指明哪个假说应该做出改变。[6]

迪昂提醒我们，一项实验结果单凭自身无法告诉我们要不要接受或否定我们正欲测试的假说。令人困惑的资料表明我们在某处犯了错，但我们若想知道错误出在什么地方，我们就需要引入额外的考虑。迪昂得出结论说，如果一名优秀的科学家要决定接受或拒绝某个假说的话，那她需要的就不仅仅是实验。为了能够找出一项奇怪的实验结果的症结所在——是仪器有故障，还是计算有问题，抑或基础理论存在缺陷——她需要培育良好的判断力。迪昂并不是说，不管资料怎样，一位坚定的科学家总是可以紧紧抓住她想要抓住的任何理论。他也不是说，每个成功的科学假说都会有全然不同的竞争者，而它也正好可以得到已有证据的支持。当然，如果非充分决定会对科学实在论构成威胁的话，我们就需要捍卫以上这类主张。

是否还会有更具威胁的非充分决定论证呢？任何一位化

学家——以及大多数小学生——都会告诉你，水主要由分子构成，一个水分子包含两个氢原子和一个氧原子。人们经过艰苦卓绝的工作才达到这一共识：19 世纪 60 年代之前，人们曾认为水的化学式是 HO 而不是 H_2O，甚至在 18 世纪 80 年代之前，化学家还以为水是一种元素，而非化合物。回过头去看，我们很容易就认为，这些奇奇怪怪的错误对于提出它们的化学家来说再明显不过了。但是，在这些争论真实存在的时候，这种态度就会使大部分证据变得模糊不清，致使我们很难在关于水的结构的各种观点之间做出选择——也许最后我们所做的只是一个很草率的选择。

有关水的观点还在继续演变。随着显微术的不断改进，最近，一些科学家给出了他们所认为的单个 H_2O 分子的图像。[7] 但即便是现在，我们也知道水并不仅仅是 H_2O。哲学家、科学史家张夏硕指出，单是一堆 H_2O 分子并不成其为水，因为，通常关于水的那些性质还取决于其中的各种离子。[8] 那么我们是否能给出水的另外一种与 H_2O 全然不同的结构，并且这种结构还正好可以说明水的全部已知性质？根据所有这些资料，难道水分子就可以主要由银元素，或氦元素，或某种迄今未知的元素的原子构成？或者，水中根本就没有分子？当然，现在我们知道，并没有一个完全不同的替代理论可以像 H_2O 假说那样解释我们有的资料。正因如此，绝大多数化学家就何为水的基本结构达成了一致。

那么，非充分决定的捍卫者会如何为不可知论提供论据来反对科学实在论呢？不少人或是将非充分决定描述为某种无条件的承诺，或是以一种总体方式呈现其观点。第一种策略倒是谦逊地承认我们容易犯错，它指出，就水的微观结构而论，虽然我们并未另有一套周详的理解，但总会有某个我们并未认识到的替代理解，它可以和水是 H_2O 这一观点一样，为所有我们已知的有关于水的事实提供解释。第二种策略转而为构造非充分决定假说提供了一个操作方法，例如，库克拉（André Kukla）简单明了地建议："对于任何理论 T，我们可以构造出一个与其竞争的理论 T^*，T^* 断言，T 的经验后承是真的而 T 本身是假的。"[9] 依照这套方法，我们可以构造出一个可替代 H_2O 假说的假说："除了其结构完全不同以外，一切都仿佛是 H_2O 构成了水"。科学实在论的反对者得出结论说，我们不应该认为水可能是 H_2O，因为我们的证据无法在这些对抗的替代理论间做出裁决。

非充分决定论证的这些阐论方式既不能追溯到迪昂，也非出自他对科学实践的细致考查。毋宁说，其根源另有所在，它们出自另一位更早的法国哲学家笛卡尔（René Descartes，1596—1650）的著作及其关于人类知识的全面沉思。

> 在我写下这些话的时候，我似乎正坐在一趟前往利兹的火车上。对于我的这一感觉证据，有一假

> 说可以做出解释：我确实正坐在一趟前往利兹的火车上。但另有一不同的假说，它似乎也能解释同样的证据，这便是，一个无所不能的恶魔操纵了我的心智，使我有了这样一种经验：仿佛我正坐在一趟前往利兹的火车上，但实际上，我正处于恶魔的控制之下。事物在我看来如何的证据并不能区分这两者——换言之，火车假说和恶魔假说是非充分决定的——因此，对于这两个假说我不应作出判断。

本书将完全着眼于由科学引起的哲学问题，这里并不适合处理那种由普遍怀疑引起的深奥问题。然而，我们大可以在此指出，非充分决定的提倡者若想削弱科学实在论的效力，他们就得面临一个困难：他们无法表明，我们最优秀的科学理论能够前后一致地对待那些有关宇宙结构的细致严肃而又相互对抗的理论。如果确实有这类理论，科学共识就远不是"共识"。他们最多可以说，总体来看，世界的真正本质可能与最优秀的科学理论所告诉我们的大为不同。但对于科学知识的地位，这类理论并不会引起特别的担忧：它仅仅是提醒我们注意，可能有一个无所不能的恶魔欺骗了我们，让我们误解了水的结构——正如它也可以欺骗我们，让我们相信自己正待在火车上。非充分决定的问题或根本不是个问题，或它只是笛卡尔的普遍怀疑所引起的老问题。但无论如何，它都不是针对科学知识之地位的具体问题。[10]

拜托，不要奇迹

设想你正开船驶过一片变幻莫测的水域，除非你弄清此处的暗礁和浅滩，不然你很有可能搁浅或触礁。如果你对这里的水情一无所知，那你只有撞了大运才能完全避开这些障碍。不难将类似的设想用于科学。要不是牛顿物理学大致正确，它怎么就能将人送上月球？一些哲学家被这么一个想法迷住了：除非科学理论是真的，或至少接近于真理，否则，科学在种种实践中就帮不到我们。[11] 该想法无非是说，完全错误的理论只有在其应用过程中交了莫大的好运才能带来成功。

哲学家希拉里·普特南（Hilary Putnam）被认为是第一个提出现在称为无奇迹论证的人。该观点是唯一一个捍卫科学实在论的论证。“支持实在论的积极论证，”普特南写道，“是唯一一个不把科学之成功当作奇迹的哲学观点。”[12] 换句话说，如果科学理论是错误的，它们能够带来成功的能力就完全是不可理解的、奇迹般的。普特南说，科学实在论，即科学理论接近于真理这一观点，为科学的成功提供了唯一一个还不错的解释。[13]

无奇迹论证的问题是：这一思路——除非观念或假说接近于真理，否则它们不可能有用——对某些评论家来说似乎有着不可抗拒的吸引力，但其他人觉得该思路显然弄错了。19 世纪快结束的时候，尼采写道，显然，正是因为观念有用，所以，关于观念是否揭示了事物之所是，它无所言说。错误也可以是有益的：

> 知识的起源：在漫长的岁月里，智力无非造就了种种错误。其中一些错误被证明是有益的，有助于保存我们这个物种——邂逅或承袭这些错误的人带着更好的运气为自己、为后代奋斗着。这类错误的信条代代相传，最后几乎成了我们这个物种的天赋的一部分。这类信条包括：存在着不朽之物；存在着相同之物；存在着物、实体、肉体；物即其所现；我们的意志是自由的；于我有益者其本身也是有益的。[14]

尼采对达尔文的公开评论全是负面的，但在此处，尼采表示，对于保存那些能够带来好处的观念而言，一旦我们接受了某种达尔文式的解释，我们就无需将真理用作对其成功的解释。如果假说没有用处，尼采说，它们就不会留存下来。这就是对为何我们的观念具有这种实用价值的全部解释，至于我们所持的种种观念是否显示了事物真正之所是，它们是否仅仅是一些有用的谬误，问题悬而未决。

科学实在论的反对者们还在继续诉诸这种达尔文风格的解释。范·弗拉森（Bas van Fraassen）也许是当代最有名、最具思想性的反科学实在论者，他明确反对“无奇迹论证”：

> 我认为，当前科学理论的成功不是奇迹。有着科学头脑的人（达尔文主义者）对这一点并不感到意外。因为，任何科学理论都诞生于激烈的竞争，如尖牙利齿的血腥丛林。只有成功的理论才能存活下来——事实上，它们紧紧抓住了自然的实际规律。[15]

范·弗拉森说，优秀的理论必须能够刻画可观察世界的模式。毫不奇怪，在这方面它们是成功的，因为它们若是失败了，我们早就放弃它们了。因此，一个理论在预测方面的成功并不会告诉我们，它是否真正刻画了宇宙深层次的运转方式。科学理论的成功，他说，并不会告诉我们科学是否准确刻画了那些无法观察到的事物。

奇迹和医学测试

面对这一僵局，我们如何才能推进我们所看好的“无奇迹论证”，从而支持科学实在论呢？近些年来，一段引人注目的进展表明，该论证包含着一种概率推理（probabilistic reasoning）错误，人们称之为“基率谬误”（base-rate fallacy）。[16] 这一谬误是怎么回事呢？对此，我们最好在远离科学实在论之争的领域里一探究竟。

医学测试可能会有两种不同的出错方式。让我们来考虑针对某种特定癌症的测试。无论病人是否真的得了癌症，某项测试都可以给出阳性结果，同时，它也有可能对许多并没有得癌症的人给出错误的阳性结果。这种测试的假阳性发生频率很高。另一项测试，不管病人有没有得癌症，都可以给出阴性结果，但对于那些确实患有癌症的人群，它也经常给出阴性结果。这种测试有着很高的假阴性发生率。在实际生活中，医学测试从来都不完美，设计者需要权衡假阳性和假阴性所带来的风险：前者可能导致不必要的担忧，甚至不必要的治疗，后者很可能会让医生忽略严重的疾病。

设想人们发展出一种针对爱智妄想症（此病纯属虚构）的测试。假设你知道该测试有 10% 的假阳性发生率和 20% 的假阴性发生率。最后，再假设你测试出了阳性结果。那么，测试对象有多大的概率得了爱智妄想症呢？一些人可能会说，因为假阳性的概率为 10%，所以他们有 90% 的概率真正患上爱智妄想症。但这是错误的：事实上，无论是假阳性概率，还是假阴性概率，甚至这两者的组合都无足够的信息可以让你回答这一问题。你还得知道这种疾病在人群中的发病率。

为了看到这一额外的信息为什么会产生影响，让我们假定爱智妄想症极其罕见。假设，在一亿人中，我们预计只有 10 人得了这种病。该测试的假阴性发生率告诉我们，大概有 10 个人会真正患有这种疾病，其中两人是假阴性结果，而另外 8

人的测试结果是阳性的。与此同时，假阳性发生率向我们表明，对于那 99,999,990 名有可能远离该病的人，他们当中每 10 人就有一人会收到假阳性结果。因此，对于这一亿人群，8 名罹患该病的人将收到阳性测试结果，而 9,999,999 名没有患病的人也将收到阳性测试结果。因此，如果你到了阳性结果，那么，比起你在规模相对较小的人群中得到的概率，你在没有得此病的大规模人群中所得到的概率将非常大。你测出的患病的概率并不是 90%，而是约为一亿分之一。

这则带有数学计算的故事告诉我们，你不能就医学测试之意义简单粗暴地给出一个可靠的概率推理，除非你知道某一疾病在人群中有多罕见，或多常见。这些事实就是所谓的“基础比率”。基础比率经常被那些理应知道得更多的人（比如，医学院的优秀学生）所忽视。[17] 但这和无奇迹论证有什么关系呢？

无奇迹论证的倡导者告诉我们，一个理论的成功意味着该理论极有可能是真的。这一点既像是相信基于假理论不可能带来成功，又像是相信基于真理论不可能导致失败。也许这些信念都是合理的。但是，我们不应忘了基础比率。设想我们正在检测所有理论的真假，我们发现，真理论非常少，而假理论却很常见。如此，一个成功的理论很可能是假理论。因为，即便只有极少数的假理论是成功的、大多数真理论是成功的，假理论在数量上的优势也会导致大多数成功的理论很可能是假的。因此，除非我们知道真理论在整个理论中的比例，否则无奇迹论证就是不彻底的。

总之，针对无奇迹论证的统计质疑告诉我们，该论证的捍卫者没能提供有关基础比率的重要信息，而它们对于完善其论证至关重要。让我们再次将目光转向前边那个有关疾病的例子。当我们谈论爱智妄想症在大规模人群中的发病率时，我们的意思相当清楚：我们在问是少数人患有该病，还是多数人患有该病。但当我们问真理在理论整体中常见还是少见时，我们是什么意思就完全不清楚。怎样才能数出有多少种理论呢？难道我们要说，有些理论人们已经创立出来了，有些理论人们有可能创立出来，或者，有些理论可以被创立，即便从未有人思考过它们？要想具有任何效力的话，无奇迹论证似乎得回答这些问题。但这些问题又好像无法索解。看来，无奇迹论证已经瓦解掉了。

哲学证据的可疑之处

无奇迹论证中还有一些地方不太对劲。假设我们问，“DNA 是否具有双螺旋结构？”对这一问题的回答牵涉颇多，它要求我们给出已积累的所有证据——X 射线晶体照像术给出的 DNA 图像、其中核酸所占的比例、DNA 在染色体作用机制中所扮演的角色等等，并能够确定，比起其他一些能够解释这种分子结构的建议，双螺旋假设是不是更适于解释这些证据。换句话说，用来确定 DNA 是否具有双螺旋结构的最佳方式需要经历一系列审核，而这些审核过程与沃森（Watson）和克里克（Crick）（以及弗兰克林［Franklin］等许多人）起初在问到这一问题时所经历的审核过程类似。

除了上述科学上的考量，无奇迹论证似乎还向我们承诺了某种哲学证据。我们还可以有额外的理由认为DNA具有双螺旋结构，该理由出于这一事实：双螺旋假说在证据解释方面所取得的成功，可以通过双螺旋假说的真理性得到充分说明。

我们应该怀疑这种想法，即除了由弗兰克林、沃森、克里克等人揭示出的基本科学证据以外，还存在着可支持双螺旋假说的哲学证据。设想一个侦探告诉他的听众，他认为这件事是管家干的，因为他的这一假设比其他任何假设都能更好地说明他的一些观察，比如，在管家的房间里发现了凶器，管家的衣服上有血迹，阿什沃特勋爵的尸体上发现了管家的头发等等。接着，这位侦探告诉我们，他还有额外的证据，该证据来自他对科学实在论哲学家的阅读，并愈发加强了他对那位管家的怀疑。他告诉我们，要是他的这一假设成立的话，它就能成功地说明他所观察到的一切。除了其假设的真理性，没有什么能说明它在证据解释方面的成功。

不难看到这里的错误所在。当这位侦探说，其假设的真理性说明了这一假设的成功时，这仅仅是一种总结方式，是对其已然告诉给我们的东西所做的高度总结：如果管家确实干了那件事，那么，比起这位侦探所能想到的其他假设，该假设都更好地解释了凶器出现的位置、血迹以及头发丝。他说真理说明了成功，这并没有错。其错误只是在于，他想表明，这种说法不但构成了管家之罪行的额外证据，而且还超脱于他一开始所告诉给我们的东西。他的错误是把那些证据算了两遍。

“管家干了那件事”与“管家真的干了那件事”，或“管家干了那件事是真的”，或“事实上，管家干了那件事”，或“管家干了那件事这一看法准确反映了世界本来的样子”之间统统没有差别，后者只不过加了些额外的强调或告诫。[18]这意味着，“DNA具有双螺旋结构”与“DNA具有双螺旋结构是真的”，或“DNA具有双螺旋结构这一假说准确反映了世界本来的样子”之间也没有任何差别。

对真理的这一理解使得我们可以给出另一版本的无奇迹论证，由此避免基率谬误和双重记数带来的问题。科学实在论者说，科学假说的真理性是对其成功的充分说明，这么说是很对的。现在我们看到，它只是一种一般性的申论方式：DNA双螺旋结构是对沃森、克里克等人所获证据的充分说明；共同祖先到其后代的模式是对达尔文等人所获证据的充分说明；希格斯玻色子（Higgs Boson）的本质是对在CERN收集到的证据的充分说明；一个氧原子加两个氢原子所构成的分子是对水的已知性质的充分说明；诸如此类。

经过这番理解，无奇迹论证就不再对统计推理无能为力了，因此，它也就免受基率谬误的威胁。无奇迹论证的目的并非是在科学家所给出的证据之外，再额外地提供某种哲学证据，因此，它免于双重记数的指责。毋宁说，它是对科学证据表达敬意的一般模式。

若我们说，关于水的构成、DNA 的结构等理论的成功无非为其真理性所说明，我们实则在说，水也可能具有某种迥异于 H_2O 的分子结构，而且这种（未加明言的、仅仅是可能的）替代结构同样可以解释 H_2O 假说所能解释的那些证据。所以我们才会说，H_2O 假说既是错误的又是成功的。因此，唯一能削弱我们这种改进版无奇迹论证的论证必定会诉诸非充分决定。换句话说，无奇迹论证的反对者必须能够表明，我们最优秀的理论有可能遭遇与其全然不同的竞争者，而且它们能对所有证据给出同样好的说明。我们已经看到，这种诉求是可疑的。抛开非充分决定带来的质疑不谈，无奇迹论证被证明是对的。

悲观归纳

对科学实在论最有冲击力的论证——人们经常把它与哲学家拉里·劳丹（Larry Laudan）联系起来——是将科学的历史图景看作一系列英勇无畏的失败。[19] 科学家屡屡确信他们基本上是对的。这种信念却屡屡被革命性的理论研究或实验所推翻。例如，牛顿物理学在几百年间都被认为牢靠，一些人（其中最有名的是哲学家康德）认为，它不仅是对的，而且是唯一可能的物理学。在爱因斯坦的宇宙图景大体取代了牛顿的宇宙图景之后，这种信任就被证明是没有根据的。

生物学似乎也向我们展示了这些彻底的转变。博物学家就动植物的稳定性所做的观察表明，物种长期以来都被认为是不可改变的。但到了19世纪末，博物学家又开始认为，所有物种都是少量共同祖先的后代，它们在漫长的岁月里经历了各种各样的变化。同理，达尔文的胜利也可能维持不了多久。我们曾从他那里接过一幅自然的图景：自然之树的树干上有着许许多多的分支。但近些年来，人们发现了那种有时被称作"横向基因转移"或"侧向基因转移"的现象，至此，这一图景受到了挑战。

传统观点认为，生物只能"纵向"获得基因，也就是说，它们只能经由繁殖从其亲本那里获得基因。例如，对于人类，我们认为，我们的基因完全来自父母。我们倾向于假定，人类个体无法直接从与其无血缘关系的朋友那里获得基因，而且，毫无疑问，他们无法从与之全然不同的物种那里获得基因。但现在我们知道，基因的遗传并不总是"纵向的"。一些生物，比如细菌，也可以"横向"获得基因。这种横向基因转移的发生有多种机制。例如，病毒可以将一小部分的遗传物质从一个细菌转移到另一个细菌。结果便是，两个亲缘关系很远的细菌群落也可以交换它们的基因。

现在，有种种迹象显示，横向基因转移现象并不仅限于微生物界。我们有证据表明，复杂的多细胞生物——包括蠕虫和昆虫——的基因组同样也可以从细菌那里获得基因，而且，这些过程很可能与上述生物某些重要的适应性的获得有关。[20]2008年的一项研究表明，三种不同种的鱼类，鲱鱼、亚洲胡瓜鱼（smelt）以及美洲绒杜父鱼（sea raven）可以通过横向基因转移获得一种天生的抗冻能力。[21]所有这一切告诉我们，虽然生命之树上的各个细支非常不同，但事实上，它们彼此间有着基因交流，这也让许多关注生物学的人认识到，达尔文的生命史的树状图有问题——树上的各个分支绝不会交叉，而且永远伸向外缘。现在需要对该图作出修正了。[22]

这些反复出现的革命仿佛见证了科学的效力：它将我们从教条主义的沉睡中唤醒，指明了一条可以对宇宙之复杂性做出恰当理解的道路。但某些反科学实在论者并没有看到这一出路。如果你新买的烤面包炉每次都会在六个月后坏掉，你就大可以猜测下一台烤面包炉也用不了一年。类似地，即便一个理论得到好几代饱学之士的支持，但若后来的科学家表明它是错的，那我们就理应认为我们最优秀的科学理论也极有可能是错的。也许，当前这一代科学家会对该想法感到愤慨，可是，早前几代科学家也曾对牛顿的理论应该被扔进垃圾堆这一想法感到愤慨。正如牛顿曾让位于爱因斯坦，爱因斯坦的相对论终将被证明是错的；正如达尔文使大博物学家相信，他们关于物种是永恒不变的这一观点是错的，达尔文的生命之树图景也终将被否定。

这一路反实在论论证告诉我们，科学实在论者缺乏历史视野。因为，透过科学曾经的种种失败，严密的历史推理会使我们相信，今日之科学终将被证明是错误的。照此解释，科学并没有对宇宙作出越来越准确的刻画。它只是将一堆富有成效的错误变成了一堆富有成效的新错误而已。毫不奇怪，这一论证常常被称作“悲观归纳”。[23]

乐观的理由

我的同事彼得·利普顿一直认为悲观归纳有什么不对劲，尤其是它诉诸历史证据的这种做法。[24] 在精心设计的实验中，我们收集的证据可以让我们区分欲测试的各种假说。如果吸烟确实导致癌症，那吸烟与疾病就有相当高的相关性；如果吸烟并不导致癌症，那它们之间的相关性就非常微弱。因此，我们可以检查这里是否存在着某种相关性，由此来帮助我们确定吸烟是否导致癌症。在这场有关科学实在论的争论中，我们所做的正是在比较以下两种假说：其一，实在论假说，科学的历史是不断给出越来越准确的自然图景的历史；另一假说，科学的历史是一系列错误被另一系列错误不断取代的历史，谈不上什么准确性的提高。

历史记录告诉我们，科学家无数次地排斥早先的理论，并代之以迥异的新理论。但是，这一证据似乎同时暗含了这两种假说：它没能区分这两者。因为，就算科学实在论者所言不虚，就算科学确实给出了越来越准确的自然图景，这也并不妨碍我们将早先的理论当作谬误给抛弃掉，但我们应该可以发现并更正其中所包含的错误。这说明，对于充当反科学实在论的悲观归纳论证而言，科学的历史不仅要能展示出一种替代和修正的模式，而且该模式还得是一种大规模、有规律的变动模式。但即便有这种历史征兆，我们也很难证明，后来的理论对包含于先前理论中的洞见做出了改进或精致详尽的阐述。利普顿认为，科学实在论并未受到历史记录的损害，因为，我们还远不清楚，科学的历史是否为更具威胁的悲观主义提供了证据。

首先，科学的许多领域都有其显而易见的连续性。元素周期表虽然是逐渐填充起来的，但其中的一些主族早已稳定存在了近一百五十年。人们对主要化学元素的诸多性质的认识也差不多有这么长时间未曾改变过。如前所见，近期的一些微生物学研究告诉我们，动植物基因组中的一些基本成分可以借自某些与之亲缘关系较远的细菌群落。科学家也愈发怀疑细菌是不是彼此处于一种简单的系谱关系当中。但即便如此，这也并未对达尔文的观点构成根本性的挑战：树状图仍然是刻画基本演化历史（比如动物的演化史）的可靠方式。就此而论，达尔文的观点并未受到损害。

其次，就算科学发展过程伴随着巨大的理论变动，这也不意味着，在新观点得到确立之时，我们就该将旧观点扔进垃圾桶。[25] 人们经常谈到，牛顿物理学对低速运动的物体之行为给出了足够好的近似值，因此 NASA 可以用它将人类送上月球。在达尔文构筑起他的演化理论之际，他也未曾排斥反演化论的科学前辈的艰苦卓绝的工作，相反，他接纳了前人的研究，承认不同物种在解剖结构上具有深层次的相似性，并采用这一研究支持其演化论的观点。该研究得到了认可，并被赋予了新的解释。

现代分子遗传学告诉我们，基因位于染色体上，它就是 DNA 片段，这些都是孟德尔未曾预料到的。当然，一个 19 世纪的僧侣根本无法知道遗传物质的分子构成。但即便如此，这一非常晚近的研究也有助于解释孟德尔为什么能够观察到豌豆独特的遗传模式，他为什么可以合理地将这些遗传模式归于彼时还尚未为人知的“因子”，为什么他所谓的遗传“定律”在奏效时是奏效的，以及，为什么这些定律还常常会失效。现代遗传学并未毁掉孟德尔的工作，而是对其加以修正、重构并赋予了新的解释。

反科学实在论者凯尔·斯坦福（Kyle Stanford）支持悲观归纳，其论述最令人信服、最清楚明了。他曾担忧这种来自科学实在论者的回应是否合理。[26] 斯坦福承认，我们确实可以从不同的角度看待孟德尔的工作，但他认为，孟德尔的洞见已然内含于现代遗传学。我们不再认为存在着严格的遗传“定律”，因为，我们已经认识到染色体是如何构成的、复等位基因在有机体发育过程中是如何相互作用的、它们在精子和卵子的结合过程中如何分离并再度组合，所有这些让我们相信，成熟生物体的种种性状几乎不可能以某种简单的方式传给下一代。但我们可以为孟德尔提供一种解释，我们可以将他的观点认作我们的原型，因此，孟德尔早期观点中的某些东西已经保留在我们现在对遗传过程的认识之中了。时至今日，我们依然认为，有些性状——特别是少数重要的疾病——有时会通过“孟德尔式”的方式遗传，我们还认为，这其中的重要一点在于，孟德尔也明白这一点。

斯坦福试图挽回孟德尔的工作与我们的工作之间的连续性，但问题是，其方法完全是回溯性的：它只是事后诸葛亮。但他反过来要求科学实在论者给出一个前瞻性的做法，好让我们可以决定现代理论中的哪些元素将保留于未来的科学，哪些将被抛弃。若我们无法满足其要求，那么，虽然我们确信，未来的科学家在回过头来看我们已有的最优秀的理论时会安慰我们说，你们的工作是合理的，但我们绝不会知道，我们现代观点中的哪些元素将被保留，哪些将是一堆令人尴尬的错误。他认为这一要求无法被满足，因此，科学实在论被摧毁了。

我同意，我们无法满足斯坦福的要求，但我不认为实在论者有必要回应这一要求。[27] 要是事先就知道当前科学中的哪些元素将被保留，哪些将被拒绝，哲学家就会找到一种奇妙的方法，按下科学研究的“快进”按钮。对于科学家来说，发现其理论承诺中哪些值得维护、哪些可被丢弃是一项艰巨的任务。未来的科学家将比我们知道得更多，他们的所知也将包含这种知识，即我们在哪些地方做对了，在哪些地方弄错了。科学洞见的去留只能借回溯性的方式加以判断，不过，对于科学实在论者而言，这并不是个问题。我们若要维持这样一幅图景，即科学作为一个提供者为它所探索的那部分世界给出了越来越准确的刻画，那么，没有什么其他的可能，其本身就够了。

扩展阅读

有一本非常优秀的综述，其内容涵盖科学实在论之争（以及就科学实在论所作的辩护）。见：
Stathis Psillos，*Scientific Realism: How Science Tracks Truth*（London：Routledge，1999）。

有关科学实在论的若干重要文献收录于：
David Papineau（ed.），*The Philosophy of Science*（Oxford：Oxford University Press，1996）。

范・弗拉森的反科学实在论可能是过去五十年来最重要且最具影响力的反实在论。见：
Bas van Fraassen，*The Scientific Image*（Oxford：Clarendon Press，1980）。

张夏硕关于水的杰出研究向本章所讨论的那种实在论提出了许多重大

挑战：

Hasok Chang， *Is Water H_2O? Evidence，Realism and Pluralism*（Dordrecht：Springer， 2012）。

最后，斯坦福对悲观归纳做了新的阐释，其论述清晰明了、很有吸引力。见：

Kyle Stanford， *Exceeding Our Grasp：Science， History and the Problem of Unconceived Alternatives*（Oxford：Oxford University Press， 2006）。

第二部分
PART 2

科学对我们意味着什么

第五章

CHAPTER 5

价值与真实

咨询性劳动的分工

2012年，英国皇家学会——世界上最具声望的科学研究院——和皇家工程院一道对“水力压裂法”（hydraulic fracturing）进行了科学评估，这是一项用于页岩气开采的技术，通常，它被冠以“压裂法”（fracking）的恶名。英国政府的首席科学顾问约翰·贝丁顿爵士（Sir John Beddington）（他本人是皇家学会的会员）请求对该技术进行评估。在评估报告的开篇，作者就澄清了他们的职责：

> 本报告不拟就我们是否应该开采页岩气做出判断。那是政府的职责。本报告旨在对页岩气开采所涉及到的环境问题、健康问题以及安全风险问题提供技术侧分析，以便为决策提供相关信息。[1]

这里隐含着这类报告所特有的分工：陈述证据与提供政策建议的分化。2011 年 2 月，英国卫生大臣要求人工受精与胚胎学管理局（Human Fertilisation and Embryology Authority，HFEA）出台一份类似的“科学评估”，但这一次要弄清“有关线粒体转移（mitochondrial transfer）之有效性和安全性的专家意见”。[2] 线粒体是动物细胞中的一种结构，位于细胞核之外，它含有非常少的基因，但这些基因对正常发育以及机体的运转至关重要。线粒体紊乱可能会逐渐发展成一种全局性的疾病，它常常由母亲传给孩子。现在，出现了一系列新技术，它们承诺可以让患有线粒体疾病的人生育孩子，而且他们的孩子将免受这些重病的侵扰，因此，HFEA 应要求对这些技术做出严格的技术评估。这些技术问题又一次被认为有别于那些带有更多价值判断的担忧，例如，借助上述技术为带有三位不同捐赠者的遗传物质的人赋予生命是否正当、生殖诊所干预人类生殖细胞系（germ-line）是否正当等等。

这一常见的分工也许只是反映了民主职责的不同：科学家并不是选举产生的，因此，即便他们极其看好该事务，即便最优秀的科学结论指明了某个方向，该如何制定政策也不是他们的工作。不过，这一分工在很大程度上也表明，来自科学的、完全中立的证据陈述和各路利益关切不同的群体对证据的评价性回应之间存在着明显的不同。这告诉我们，科学完全是价值中立的（或至少可以说，当其尚未被有着利益倾向的群体把持时是价值中立的）。另一方面，当被选举出来的代表们带着他们各自的价值与客观的科学证据照面时，政策便会浮现出来。

科学保持价值中立这一图景似乎与我们上一章所捍卫的那种科学实在论有着密切的关系。我们将科学实在论定义为这样一种观点，即科学为其探索的那部分世界提供了越来越准确的刻画。科学能让我们了解种种事实，所以它似乎必定是价值中立的。显然，事实与价值不同。事实关注事物是怎样的，而价值关注事物应当如何。根据这一听上去很合理的观点，可以说，虽然科学向我们表明了事物是怎样的，但我们还需借助其他形式的反思以及情感评价方能了解它们应当怎样改变，或是否应该保持不变。

在这一章，我们将看到，科学实在论和科学保持价值中立这一观念之间的联系很是惹人注目，但它们会误导我们。科学中散布着各种评价性的关切，但这并不会削弱科学家揭示世界运作的能力，也不会削弱科学家为政策制定者提供明智方案的能力。但若科学不受价值影响，科学家给出审慎建议的能力就会极为有限。

斯大林主义生物学

在一些臭名昭著的案例中我们可以清楚地看到，价值会极其严重地危害科学的理论研究。遗传学在斯大林时期苏联的命运或许是最广为人知的案例。1948 年 7 月 31 日，苏联生物学家特罗菲姆·李森科（Trofim Lysenko）在莫斯科的全苏列宁农业科学院做了一次演讲，内容是生物学研究的现状。斯大林授意李森科做这次报告，尔后斯大林表达了对这次演讲的官方认同。李森科声称，遗传学理论和演化论得到了大多数欧美科学家的支持，这背叛了达尔文的重要工作，不啻为堕落。这种遗传理论——他时而称之为“新达尔文主义”（Neo-Darwinism），时而又管它叫“孟德尔—摩尔根主义”（Mendelism-Morganism）——根本就不是真正的科学。毋宁说，李森科称，它是观念论，是形而上学。[3]

李森科认为，这种错误的资产阶级经济学理论——即人类、动植物全都锁定在与其同类进行生存斗争的过程当中——对达尔文产生了可悲的影响，20 世纪以来，其恶劣影响又通过达尔文式的思想家的工作得以放大。他还说，基因作为持存不变的遗传单元这一概念——李森科将其归于奥匈帝国博物学家、修道院院长孟德尔以及果蝇遗传学先驱美国人摩尔根（Thomas Hunt Morgan）——荒谬绝伦。基因明显是一个虚妄的概念，违背了李森科眼中那些显而易见的真理：环境能够影响有机体的遗传；亲本在存活期间所获得的性状可以传给它们的后代。

孟德尔—摩尔根主义这种所谓的观念论与李森科捍卫的“创造性的苏维埃达尔文主义”不可同日而语。后者是一种“唯物主义的辩证法方法”，换句话说，它是彻底的马克思主义方法；它专注于生物事实，其实践目的是为了提高农业生产率；它还相信，我们可以对生物的环境条件加以巧妙的操控，使得动植物身上出现有价值的新能力。李森科称该理论为“米丘林学说”（Michurinism），以纪念俄罗斯植物育种学家米丘林（I. V. Michurin）。

李森科本人是农民的儿子，其技术训练没有受到任何资产阶级的污染，实际上，他几乎没受到过任何正规的教育。这让他成为斯大林心目中先进典型的合适人选。李森科的名声来自他一系列令人激动不已的说法，他声称，他有能力助推农业领域的发展，不过，其实验都很可疑，却很少受到过质疑。他的反孟德尔生物学一被尊为苏维埃官方科学，孟德尔式的观点就被宣布是资产阶级的，或法西斯主义的。这对苏联的科学造成了持久的伤害。历史学家罗伯特·杨（Robert Young）曾回忆道：

> 1971年，我在苏联，彼时，我遇到了一大波来自生物学领域的难民，他们在科学史中找到了避难所。他们向我诉说，混乱的课程安排以及针对科学出版物的审查制度带来了极其恶劣影响。在1938年到20世纪60年代早期这段时间里，一本遗传学教科书都没有出版，而且好几届医学院的学生根本就

> 没有学习遗传学。想象一下，从事现代医学的人欠缺这种知识是怎样一种情况。这段时期有一“愚蠢之事”：人们根本就无法记住或重复李森科的胡说八道。我还记得有一位生物学家生动地向我说起他是如何没有通过这一检查的。但另一方面，事情也不是铁板一块。沃森和克里克有关DNA的原文收录于一本有关核苷酸化学的著作上——虽然该书内容高深晦涩，但刚一出版便被买空了。[4]

杨并未就李森科对苏联科学事业带来的危害做过多的评论：科学家们反对李森科的观点，结果，他们失去了工作，一些人甚至失去了生命。例如，遗传学家尼库莱·瓦维洛夫（Nikolai Vavilov）于1913—1914年追随威廉·贝特森（William Bateson）（孟德尔遗传学的先驱之一）从事研究，他曾多次批评李森科的科学主张。[5] 1940年，他被批捕，后于1943年在狱中死于营养不良。[6]

李森科的案例表明，掺杂着价值判断的科学会带来危险。我们很容易就将这一老生常谈扩展到两个更为一般化的方面：首先，优秀的科学必须清除所有政治的、意识形态的或评价性的东西。证据只被允许言说它自身。其次，可以料想，李森科的案例在科学史上只是一个非常罕见的污点——这种情况的出现需要斯大林这样的暴君来维系一整套成建制的、充斥着主观意愿的思维模式。如今，我们可以认为，科学家不受偏见的妨害。不过，这两个想法是不恰当的，随后我们将在本章的其余部分表明这一点。

女性性高潮

毫无疑问，心脏用于泵血，肺用于将空气抽入身体。但科学家对解剖结构的生物功能并非一直都有把握，特别是当这些结构属于早已灭绝的物种的时候。许多哈德罗龙（也称鸭嘴龙）的头顶上有一个巨大的中空冠状突起。它有什么用呢？有猜测说这是某种带呼吸管的储气箱，可以让鸭嘴龙潜水觅食；另有猜测说这是一个共鸣箱，用以增强它们的叫声。[7]尽管如此，我们不应认为每个生物结构必定有其功能，好像生物体都是由设计巧妙、环环相扣的诸多要素构成似的。

男性人类的乳头有什么用呢？最容易想到的是，它们根本就没有任何功用。男人的乳头在其生存繁殖过程中没有任何作用。而女人的乳头显然在哺乳方面有其生物功能。尽管一些基因只对男人有影响，另一些只对女人有影响，但绝大多数基因在受精卵发育至成人的过程中对两性都有影响。男人有乳头是因为两性有大致相同的发育过程，而女人需要乳头来哺乳她们的后代。因此，男性的乳头是女性哺乳演化的意外的副产物（side-effect）。

那女性的性高潮是怎么回事？它有什么用呢？在一项非

常杰出的研究中，科学哲学家伊丽莎白·劳埃德（Elisabeth Lloyd）认为，种种偏见已经对科学家在这一领域的研究产生了不良影响。[8] 劳埃德乐于承认，女性在性爱中获得的愉悦有其生物功能，它在于鼓励性行为以及繁殖。不过，她的目标在于解释性高潮而非性愉悦的确切功能。劳埃德认为，就女性性高潮而言，最合理的假说是，它们和男人的乳头一样在生存繁殖方面并无什么功用。它们最好也被认为是演化的副产物——不过，这一次，它们是强化男性性高潮的生理结构的演化副产物。劳埃德并不否认我们最终可能会获得一些资料，它们能够证明女性性高潮确实有其生物功能。她只是主张，就目前来看（或追溯到 2005 年她出书的那一年），证据支持副产物这一假说。

劳埃德虽持有我在这里称作"副产物"的这一假说，但她并未断言女性的性高潮是不重要的、虚构的，或只不过是让人能稍事愉悦的东西。一些批评人士攻击劳埃德的立论基础，说她的怀疑贬低了女性性高潮的生物功能。[9] 这些攻击是不公正的。演奏钢琴、解决复杂的方程、舞文弄墨等能力同样在生存繁殖方面没有什么功能，但这并不意味着它们就虚幻、轻浮。有人说，短跑有利于我们祖先的生存繁衍，踢足球就没有这种功能，说得没错，但这并不是说博尔特是一位比梅西更有价值的运动员。为了促使人们关注性高潮是真实的、有价值的这一事实，劳埃德基本放弃了女性性高潮之为"副产品"（by-product）这一提法，因为这会让人脑海中浮现出工业废弃物或马麦酱（Marmite）这些不讨喜的形象。因此，她现在更倾向于称之为“美妙的福利”（fantastic bonus）。

我们在这里不可能对劳埃德用来支持副产物假说的证据全都加以总结，但是，我们可以对其稍加品评。她的基本论据来自以下事实：其一，对女性而言，性交过程常常不伴有性高潮（即便女人完全有能力达到性高潮）；其二，自慰反倒最容易产生性高潮。这意味着，女性的性高潮同繁殖之间并无明显的直接关系。对此，她援引了美国生物学家、性学家阿尔弗雷德·金赛（Alfred Kinsey）就性交为何经常未能产生性高潮所给出的解释：“不可否认，在性交过程中，女性的反应一般要比男性来得慢，不过，这似乎是因为通常的那些云雨技巧没有效果。”[10]

劳埃德接着论证说，对于女性性高潮，很少或根本就没有可信的证据能够支持那些认为它有生物功能的意见。例如，动物学家德斯蒙德·莫里斯（Desmond Morris）曾于1967年表示，重力给我们这种直立行走的物种带来了各种问题，而女性的性高潮有助于解决这些潜在的致命问题。他说：“当男性射精完毕，交配过程结束时，让女性平趴着有巨大的好处。剧烈的高潮反应既让女性得到性满足，同时也让她们精疲力竭，它正好起到了这样的作用。”[11]性高潮让女性精疲力竭，使她们保持了一种俯卧的姿势。多亏如此，人类的繁衍生息才免受威胁。到了 80 年代，类似的假说又出现了，彼时，戈登·盖洛普（Gordon Gallup）和苏珊·苏亚雷斯（Susan Suarez）表示："性高潮过后，一般人需要五分钟才能恢复常态，一些人在性高潮时甚至会失去意识。"[12]

劳埃德回应到，盖洛普和苏亚雷斯的所谓"一般人"根本就不是指女性；实际上它指的是一般男人，因为金赛及其同事早在 1948 年就已确定，男人需要五分钟从性高潮中平复下来。她还拿出证据说，两性对性高潮的回应并不相同：男人通常会倒头就睡，而女人在高潮过后通常处在亢奋之中。至于莫里斯说女性性高潮使女性保持着一种平趴的姿势，劳埃德指出，该说法成立的前提是处在性高潮的女性一直就平趴着。她提请我们注意，进一步的研究（这一研究在莫里斯成书时是可以获得的）表明，能够刺激阴蒂并带来性高潮的最有效体位是女上位。在这种情况下，性高潮似乎有助于重力引起的精液外流，而非阻止了这一过程。[13]

莫里斯、盖洛普以及苏亚雷斯的观点相当陈旧，太容易受到攻击。因此，劳埃德还另外考察了许多性高潮理论，包括不久前出现的"上吸"理论——作为一项假说，该理论在今天依然很有市场。上吸理论的基本想法是，女性性高潮增加了受孕概率，因为在性高潮期间精液将被子宫吸入生殖道。

劳埃德承认，有一项研究确实表明宫压在性高潮过后会降低，尽管该研究只研究了一位女性，但这也许暗示了某种真空吸附效应。不过，她怀疑，是不是所有精液被吸入宫颈或宫腔的过程都是如此。例如，她援引马斯特斯（Masters）和约翰逊（Johnson）——此二人是50年代到60年代在实验室进行性行为研究的先驱——的研究称，“就连最微弱的上吸效应也没有任何证据”。此外，她还注意到，伴随着性高潮的子宫收缩有可能将精液挤出去，而不是将其吸进来。[14] 最后，她以一段评论结束了对以往理论的回顾：

> 三项研究表明，性高潮同上吸没有任何关系，其中有一项研究对同一位女性做了两组实验，其数据记录只是宫压的变化，并未涉及上吸本身。[15]

尽管劳埃德在2005年就断言，我们尚无充分的证据能够表明女性性高潮有其生物功能，但她并未傻到认为这类证据绝不会出现。自劳埃德表达她对此事的怀疑以来，十多年已经过去了，直到现在，对于那些支持女性性高潮有其生物功能的人来说，最好的结论也不过是该问题还有待解决。[16] 例如，2012年的一篇评论就明确质疑劳埃德的怀疑，它告诉读者，“种种证据表明，女性性高潮增加了怀孕的概率”。[17] 该评论的作者颇倚重一种特定版本的上吸理论：他们声称，性高潮促进了催产素（oxytocin）的释放。而且，一般而言，催产素有助于“输送”精液通过子宫颈。

早在2005年劳埃德就对上述想法提出过严重质疑：性高潮并不是释放催产素的唯一途径，而且性高潮产生的催产素很少。即便没有性高潮，单是性刺激同样也可以推高催产素水平。非性高潮的性刺激可以推高催产素水平，因此，虽然性高潮似乎带来了催产素水平的增高，但它能否对精液的输送产生重要影响还是个未知数。

性生理学家罗伊·莱文（Roy Levin）近期的工作有力地加强了劳埃德对"上吸"假说的批判。莱文把上吸理论称作"僵尸假说"，因为该理论纵使被证据证伪了，它也拒不倒毙。他指出，已有的实验表明，要实现精液输送，所需催产素大约是性高潮释放的催产素的400倍。因此，劳埃德的质疑——性高潮是否能释放足够的催产素从而对精液的输送产生影响——切中要点。[18] 除此之外，莱文还认为，性冲动导致宫颈上移，远离了入射的精子，因此，即便性高潮产生了某种吸附效应，但由于宫颈距离精子不够近，它还是无法将精子吸上来。莱文的结论直接明了："没有任何无争议的经验证据能够表明，正常的性交过程中，女性性高潮在促进精液吸收——或通过提升精液的输送速度，或提升其输送量，或两者兼有之——这方面起到了重要作用。"[19]

于是，劳埃德认为，任何有关性高潮之功能性的故事都无法得到充分的证据支持。对此，莱文表示赞同。可是，即便证据少得可怜，研究者为什么还如此热情地信奉功能假说呢？劳埃德认为原因有二。首先，她认为这里有一种适应主义（adaptationism）的倾向。非常粗略地说，适应主义者假定有机体能够分化出各种不同的性状，每一性状均有它在生存繁殖方面的功能，这就好比洗衣机的分解图上有各式各样的部件，每一部件均有它的用处。如前所见，我们无法保证每一个性状都能得到如此解释——认为男性乳头有其生物功能显然是不合理的，但女性性高潮的研究者们似乎有着一种特别的热情，他们对根据生物功能构想出的假说情有独钟，这让他们夸大了有利于其观点的证据，从而对不利于其观点的证据视而不见。

第二点更有意思，劳埃德认为，研究者们倾向于假定两性的性能力一定是相似的：男性性高潮显然有其生殖方面的功能，它可靠地由性交引起，而且还常常导致一段时间的疲劳。当这类假设被用于研究女性的性高潮时，它就在某种程度上掩盖了那些能够表明女性性高潮与性交之间只有一种不甚严格的关系的充足证据。比较而言，性交很少让女性达到性高潮，反而是自慰能更为可靠地引起性高潮。实际上，劳埃德早先有关灵长类动物的性行为研究表明，雌性性能力必定密切地联系于生殖这一假设已然阻断了许多重要的研究领域。

雌性波诺波猿（bonobo），以前人们管这一物种叫倭黑猩猩（pygmy chimpanzee），常常干一种被称为“磨镜”（genito-genital rubbing）的事：两个雌性波诺波猿彼此相拥，“让外阴前端勃起的阴蒂抵在一起，左右摇晃它们的臀部”。[20] 这是一种同性性行为，还是非性的社交行为呢？人们很自然就会问。但劳埃德指出，该问题曾被排除在严肃的研究之外，因为一些研究者规定，非人灵长类动物的行为只有发生在发情期——也就是说，只有当动物处于月经受孕期，特定的荷尔蒙含量较高时——才是性行为。由于磨镜行为发生在非受孕期，因此它不可能是性行为。显而易见，这并不是一项重要的实验结果。它只是该规定——只有发生在受孕期的行为才是性行为——的一个无足轻重的推论。

达尔文的资本主义

劳埃德的工作也许会让我们受到这样的启示：种种偏见扭曲了世界的真实画面。莫里斯之所以误入歧途，是因为他不假思索地假定，女性和男性的性行为是类似的。波诺波猿研究之所以会走上歧路，是因为研究人员没有经过任何调查就假定，性行为一定关联于生殖。这些研究者应该将他们的偏见抛至一边，让证据自己说话。照此观点，受价值影响的科学是坏科学。真正的科学——揭示事物之所是，它并不满足我们的意愿或天真的期望——消除了价值带来的扭曲。

不过，这一结论受到达尔文事例的挑战。诚然，我们今天会把达尔文视作一位博物学家。但达尔文并不是那种在实验室里埋头工作的职业科学家。他从未在大学里获得过一份可以领薪水的工作，他没有给大学生讲过课，也未曾拿到过什么大项目。如此，达尔文怎么能负担起一生的科学研究呢？答案是，他非常非常有钱。

达尔文的父亲罗伯特（Robert）（尽管他是一位医学博士）极其幸运地通过运河、道路、农业用地方面的投资积累了大量的财富，所以达尔文一开始就从他父亲那里继承了一笔数量可观的遗产。达尔文继续发扬了这一企业家传统。他的书是卖了不少钱，但他从各种各样的投资——包括借贷以及土地、铁路等方面的投资——赚得的钱远远多于其出版所得。一句话，达尔文浸淫于工业资本主义的氛围，而这种氛围也环绕着维多利亚时代的企业家。[21]

资本主义的发展前景不仅为其工作提供了资金支持，同样也激励着他的工作。市场上的表达方式在其理论研究中随处可见，不仅如此，其中还充满了农业发展的进步景象——显然，农业的发展为其赚了不少的钱。达尔文作品的这些面相在《物种起源》出版后短短几年的时间里就被人们注意到了。马克思非常崇拜达尔文，他在1862年6月18日写给恩格斯的信中谈到：

> 值得注意的是，达尔文在野兽和植物那里重新认识了英国社会及其分工、竞争、新市场的开辟、形形色色的“发明”以及马尔萨斯的“生存斗争”。

马克思是对的。达尔文频频借用经济学式的论证表明，随着时间的推移，给定生物环境中的物种将会不断地分化。正如经济竞争迫使交易者去从事新的工作，生存斗争方面的竞争也会开辟出新的生态位（ecological niche）；又如竞争会促成分工，起初数量不多的物种会随着时间的推移逐渐分化，演变成形形色色高度分化的物种。在达尔文看来，自然就是市场。

1875 年 11 月，在收到马克思来信的许多年之后，恩格斯致信哲学家彼得·拉甫罗夫（Pyotr Lavrov），谈了谈他关于达尔文的看法：[22]

> 达尔文的全部生存斗争学说，不过是把霍布斯“所有人对所有人的战争”（*bellum omnium contra onmes*）这一学说和资产阶级经济学的竞争学说，以及马尔萨斯的人口理论从社会搬到生物界而已。变完这个戏法之后……再把同样的一些理论从有机界搬回历史，然后还扬言，它们作为人类社会永恒规律的有效性已然被证明了。

恩格斯的评论口气和马克思很不一样。他似乎在说，因为达尔文的理论研究只是维多利亚时代经济景象的反映，所以他的理论研究一定是不可靠的。后来，李森科声称，马尔萨斯让达尔文误入歧途，因此他赞同恩格斯的这一推断。但是，我们为什么要接受恩格斯的推断呢？

达尔文确实借资本主义的种种景象来看待自然界，但这些景象也常常有助于让我们更为清楚地看待事物。唯有当我们认为自然界和市场毫无相通之处时，达尔文的理论研究才是可疑的。因此，这就需要一个论证，更为具体地说，该论证要求我们试着削弱达尔文的这一类比：它一边是某一物种的成员为了获得生存繁衍所需的资源而进行的竞争，而另一边是生产者争夺消费者的竞争。

这两个领域有一些相似性。例如，对于这两个领域，达尔文表示，在适当的情况下，特化过程（specialization）和效率的提高好像被一只"看不见的手"推动着：

> 任何一个物种的后代越是在结构、体质以及习惯等方面分化得厉害，它们就越能在自然的组织体系中更好地占据许许多多、各种各样的位置，并在种群的数量上取得增长。[23]

有人可能会争辩说——其方式让人联想到波普尔——虽然维多利亚时代的资本主义景象在激发达尔文的思想方面有其作用，但就支持经自然选择而演化这一达尔文的观点而言，它并没有在科学论据方面起到什么作用。这种试图将科学证成与价值问题隔离开来的做法似乎不合情理——至少对于达尔文的情况如此。我们刚才就已看到，对于自然选择如何从同一起点出发促成了自然界的多样性，以及我们为什么可以合理地认为，自然选择是自然界波澜壮阔的多样性的主要动因，达尔文给出了一个基于市场的理论基础。并且，这种试图将价值与科学证成企划隔离开来的做法是不必要的，而且在任何旨在维护世界的科学图景的企划中都是多此一举：就此而论，重要的不是达尔文的观点是否受到了其资产阶级意识形态的影响，而是这种意识形态是否扭曲或揭示了自然界的运转方式。

有时是资本主义激发了受人尊敬的理论，但有时是马克思主义发挥了这一作用。在过去大概三十年的时间里，有一批重要的演化论理论家开始重视各种生物如何积极地塑造它们的生存环境。河狸建造的水坝可以形成水塘，这些水塘既能使其免受天敌的捕食，又让它们能更容易地获取食物。蚯蚓分泌的黏液裹在它们的洞壁上，确保了这种潮湿的环境适宜其半水生的生理机能。这些有趣的事例表明，这一演化图景，即有机体是主动的环境力量的被动牺牲品，是何等的愚蠢。“生态位构建”（niche construction）视角在确定演化历史的过程中突出了有机体的积极作用，是一种非常有价值的视角。[24] 它源自哈佛生物学家理查德·勒沃汀（Richard Lewontin）的工作。勒沃汀自认是一名马克思主义者，他明确表示，在马克思主义看来，演化是有机体和环境之间的辩证互动过程。[25]

但是，务必小心，我们从达尔文和李森科的事例中得不出结论说，资本主义的研究方法展现了自然，而马克思主义的研究方法扭曲了自然。还有，我们并不必认同资本主义世界观的所有（甚至多数）承诺，即便达尔文的企业家精神帮助他发现了其他人没有留意到的自然界的面相。

气候变化与交流

如前所见，作为输入，种种价值在科学知识的产生过程中有所贡献。而当科学知识用于政策制定时，它们同样也对输出端有影响。和前边一样，我们最好先在远离科学的地方说明这一点。[26]

设想你的朋友过来喝茶。你用早上买来的一大块蛋糕招待她。在下嘴前，她问“这里面有坚果吗”？如果她这么问只是因为她特别不喜欢吃坚果，那你可以直接根据自己的亲口所尝告诉她“没有”。如果她这么问是因为坚果会让她的身体不舒服，那你在回答“没有”之前可能需要相当仔细地检查下配料表。又如果她这么问是因为她接触坚果会产生极为严重的过敏反应，那你可得花时间好好研究配料表，确定这种蛋糕不含坚果之后，你方能回答“没有”。

就蛋糕这个例子而言，在你回答“没有”之前，你所需的证据量会因犯错的代价而增加。如果你说这里面没有坚果，错误的代价只是你的朋友不怎么喜欢吃这蛋糕，那么，这不会造成什么伤害，而且合理的做法仅仅是花费一点点精力去收集支持你结论的证据。又如果你说这里面没有坚果，但错误的代价是你朋友的生命，那么，毫无疑问，你需要诉诸极大的努力来检查你是否弄对了。

蛋糕和坚果跟科学建议有什么关系呢？设想卫生部长委托科学家出具一份报告，内容涉及使用移动电话带来的健康风险。[27] 再假设某位参与编写该报告的科学家碰到了一项设计不佳的研究，该研究暗示，过度使用移动电话可能导致脑损伤。也许，上述研究只检查了极少量在使用移动电话后罹患脑损伤的人群，而且它也没有通过参比脑损伤在从不使用移动电话的人群中的发病率来核对这些结果。

难道因为在方法上有缺陷，这位科学家就应该对这项研究完全不予考虑吗？现在下结论还为时尚早。来自这项研究的证据确实非常不充分，但是对于这种情况，即犯错的代价——在本例中，代价便是我们忽视了一项也许揭示出真正危害的研究——可能非常高昂，我们应该把不充分的证据也纳入考量。正是因为你的朋友会死于坚果过敏，所以你应该警告她蛋糕中可能有坚果——哪怕你对此只有极少的理由。

我们假想的这位为卫生部编写报告的科学家为什么不能只记录不受价值影响的所有可能的证据呢？答案是，一份报告的篇幅是有限的，她需要判断哪些证据是相关的，哪些证据是不相关的。在面对是不是要将一项设计不佳的研究考虑进来的时候，她需要斟酌后果的严重性，也就是说，如果被她无视了的研究工作后来被证实是会造成一定影响的，她就必须承担严重的道德后果。因此，价值问题在负责任的科学活动那里不可避免。

这些担忧并不仅仅是哲学家的抽象，就好像它们是哲学家通过反思上述虚构案例编造出来的。我的同事斯蒂芬·约翰近期指出，同样的一些担忧也出现在政府间气候变化问题小组（Intergovernmental Panel on Climate Change，IPCC）发布的报告中。[28]

大约每隔五年，IPCC 就会出台所谓的“评估报告”。据其所言，这些报告用来给政策制定者提供“科学、技术的现状，以及有关气候变化、成因、潜在的影响和对策的社会经济知识现状”的概要。但是，如果有关这些事项的所有知识都被编制在册，我们该查询哪一项呢？IPCC 给出的答案是，“优先关照经过同行评议的科学、技术以及社会经济类文献”。

同行评议是一套质量管理的严格流程。IPCC 规定，其报告的信息来源通常要接受同行评议，由此它的工作可以在很大程度上规避失误。这看上去确实是件好事。但是，未经同行评议的研究可能包含着许多错误，它们也可能包含着一些重要的实情——如果我们忽视了这些实情，结果很可能是灾难性的。通过检查 IPCC 就西南极冰被（West Antarctic Ice Sheet，WAIS）完整性给出的各个版本的评估报告，约翰生动地说明了这些关切在实践中的影响。他的分析引用了杰西卡·奥莱丽

（Jessica O'Reilly）及其同事在社会学方面的重要工作（包括他们对气候科学家的访谈）。[29]

在发布于2001年的第三份评估报告中，IPCC认为WAIS可能会崩解，从而导致海平面上升。尽管它承认，长期来看，崩解的风险“高度不确定”，但该报告提到，在2100年之前冰被并无崩解的风险。这一被广泛认可的意见在2007年IPCC发布第四份评估报告的时候发生了戏剧性的转变。第四份报告非但不认为WAIS会保留到下个世纪，它还表示，WAIS已经在崩解了。尽管获得了这一重要认识，IPCC还并未对WAIS的退冰速率——无论短期还是长期——加以量化，因此，第四份报告在估算未来海平面会上升多少时并未考虑WAIS崩解的贡献。

第四份报告为什么没有就WAIS的退冰量做出估算呢？在第四份本应做出估算的报告发布之前，数据和模型就已经弄好了，但它们没有以同行评议的形式发表。一位科学家向奥莱丽及其同事抱怨：“在我们看来，我们就是无法做出估算（即对WAIS的崩解影响给出量化估算），因为IPCC只采信经过同行评议的研究结果。”诚然，如果IPCC的报告也开始采纳未经同行评议的研究结果，报告中就会出现更多的错误。引入那些可能带来利好的工作会付出多大的错误代价，我们需要更快地对此做出权衡。IPCC的报告不能，也不应该完全保持价值中立，因为，IPCC必须就这种权衡能取得什么样的效果做出可评估的决断。这并不意味着，IPCC 的报告是不合适的或有不公正的倾向：它只是一项声明，即，对于是否容许采信一个靠不住但又有可能有重要意义的证据，我们必然会在实践中做出一项基于价值的判断。

未雨绸缪

上述有关错误代价和即时利好的反思有助于为“预防原则”（Precautionary Principle）——该原则在欧盟和其他一些地区的环境、健康政策中发挥着极其重要的作用——给出一个坚实的基础。[30] 预防原则并没有一个被广泛认可的表述，但通常我们会不甚严格地将其理解为这样一个想法：在面对健康或环境方面的严重风险时，与其事后追悔，不如事前稳妥。

一些评论人士认为，预防原则令人反感地反对技术进步，它鼓励对“幻影风险”（phantom risk）提供异常可笑的监管对策。我们不难理解为什么会有这些充满敌意的反应，因为有些人把它理解为，一旦某种拟行做法可能会带来严重的危害——即便没有充足的证据能表明这一点——我们就应当禁止这一做法。如此表述预防原则会导致转基因作物被禁止，哪怕我们只是对“超级杂草”（super weed）的肆虐抱有那么一点点疑虑。同样，它也会阻碍医学的进步，因为科学家永远无法确定无疑地证明，新药或新的生育治疗是否安全。

事实上，这一种预防原则并不反对技术。相反，正如美国法学家凯斯·桑斯坦（Cass Sunstein）（在2009年至2012年这段时间里，他出任了奥巴马总统的监管高官）指出的，真正的问题是，这种表述下的预防原则是不一致的。[31] 它要么支持技术，要么反对技术，除此之外没有提供任何建议：假设我们猜测手机会导致脑损伤，即便我们承认，我们并没有充足的证据支持这一猜测。再假设，因为人们可以打电话回家求助，我们猜测手机可能会防止绑架和户外严寒造成死亡，即便我们也承认，我们同样没有充足的证据支持这一猜测。如此以来，预防原则要么告诉我们，必须禁用手机；要么告诉我们，不能禁用手机——它什么都没有说。

幸运的是，我们无需将预防原则抛于脑后。1992年，在里约热内卢举行的"地球高峰会"（Earth Summit）付出了极大的努力来阐明预防原则。《里约宣言》（*Rio Declaration*）15号准则规定："对于严重的，或不可挽回的损害之威胁，为了防止环境恶化，不应借故缺乏充分的科学确定性而延缓实施有成本效益的各项措施。"[32] 这一准则并没有告诉我们，单是有可能出现灾难是否就足以让我们否决一项拟行措施。但这也无妨，因为我们很容易就会发现哪里可能出现灾难，而且这类可能性通常都伴随着我们所有可能的选择。允许栽植转基因作物可能会让超级杂草到处肆虐；禁止栽植转基因作物可能会加剧干旱带来的负面影响，而新的耐旱作物倒是可以让我们规避这一灾害。

为了弄清《里约宣言》究竟在说什么，我们再来看看蛋糕这个例子，不过这一次是为聚会上的小孩子分蛋糕。我隐约记得蛋糕里有坚果，但因为我把它的包装袋给丢了，所以我不是十分肯定。设想我正欲提醒在场的父母们蛋糕里有坚果，显然，在十分确定蛋糕里有坚果之前我就提醒他们并不荒唐。因为我的提醒几乎没有什么代价，它几乎不可能造成什么危害（除了一两个倒霉的孩子不必要地放弃了吃蛋糕，尽管事实上，它们并不含坚果），而且它还有可能避免了非常严重的后果。《里约宣言》只不过把这一常识编制成了法规：只要相关措施具有成本效益，科学确定性的缺乏就不应妨碍我们实施能够降低危害的措施。

在一些情况下，这种预防立场是支持技术的，它没有反对技术。如果某一临床试验的早期迹象表现出巨大的健康方面的利好，许多人的生命得到了挽救，又如果人们打算用这一全新的药物取代标准疗法，那么，仅仅是缺乏疗效上的确定性不应妨碍人们更广泛地采用这种新药。

揆诸现实，我们最好用“预防立场”取代“预防原则”：后者也许可以在我们不知情的情况下给出行动方案；而前者是一种姿态，它承认科学的易谬性，并时刻惦记着犯错误的代价。这种态度提醒我们：只要我们可以做出行动，而且我们的行动有转圜余地，那么，一旦我们知道自己犯了错，我们便可以消除，或至少限制因路径选择带来的危害。2006年3月，在英国的诺斯威克（Northwick Park）医院，六名健康男子因接受抗炎新药TGN1412测试出现了严重的不良反应，生命危急。[33]显而易见，如果给药间隔再放宽一些，被试的情况就会好很多。如此，这项试验便可以在所有参与者遭受不幸之前就被叫停。

非常有影响力的社会学家乌尔里希·贝克（Ulrich Beck）鲜明地指出，要求科学纯之又纯的风气若是侵入政策的实践领域，它将造成灾难性的后果：[34]

> 科学家坚持其工作的“品质”，并为它们设置了很高的理论和方法标准，以保障其事业和物质上的成功……尽管上述联系并未得到确认，但对于一位科学家而言，这种坚持看上去很美，而且，一般说来，它也值得赞誉。不过，一旦涉及危险，在受害者那里，情况就截然不同了；它们成倍成倍地放大了这些危险……毋庸讳言，坚持科学分析的纯粹性会导致环境污染，给空气、食品、水、土壤、动植物以及人类造成毒害。

贝克向我们表明，科学家不愿意承认化学制品和健康风险之间有因果联系，除非它们被证明有着高度的确定性。他还表示，这种态度部分来自科学家对其个人财产和晋升的关切。我们没有必要对这一看法煽风点火。对于科学家来说，他们有很好的理由坚持其研究结果的可靠性。如果科学工作具有累积性——也就是说，如果后来几代人的工作奠基于其前辈的工作——那么，确保其基础是牢靠的就非常重要。换句话说，重要之点在于，绝大部分公认的科学知识——只要它们是有用的——是没有错误的。

这一要求说明：若一项研究被认为是可靠的，可靠到可以被收入不断扩充的科学知识库，那么，在此之前，对其进行证明就担负着重大的责任。在这一章，我们已经充分地了解到，当科学研究工作介入政策制定时，对这些有关证据之可靠性的合理担忧必须做出让步。各国政府以及为其进言献策的科学事务委员会的首要关切并不在于有条不紊、循序渐进地扩充可靠信息库。相反，它们最迫切的关切在于其公民的健康与安全。就此而论，行动的迫切性要求政策制定者有时必须根据设计不佳和有缺陷的研究来采取行动。欠周全的方法并不必然产生具有误导性的结果。预防立场要求我们记住这一点。[35]

扩展阅读

关于科学与价值这一主题，可参见以下两本综述：

Hugh Lacey，*Is Science Value Free? Values and Scientific Understanding*（London：Routledge，1999）；

Harold Kincaid，John Dupré and Alison Wylie（eds），*Value-Free Science：Ideals and Illusions*（Oxford：Oxford University Press，2007）。

本章的许多论证受到希瑟·道格拉斯的启发，见：
Heather E. Douglas, *Science, Policy and the Value-Free Ideal*（Pittsburgh, PA：University of Pittsburgh Press，2009）。

有关女性性高潮研究的更多细节，可参见：
Elisabeth A. Lloyd，*The Case of the Female Orgasm：Bias in the Science of Evolution*（Cambridge，MA：Harvard University Press，2005）。

第六章

CHAPTER 6

人类的善意

划破利他主义者

演化让我们变得良善，还是恶劣了呢？对此，博物学多年以来未有定论。直到今天，达尔文有时仍被视作某种阴郁的道德心理学的开创者。我们的心身是所有人对所有人的战争之产物，在这场战争中，弱者遭淘汰，强者得生存。如果是数百万年的残酷斗争造就了我们今天的样子，那么，有人可能会想，胜利者，即现代人，就是一帮心无旁骛地专注于个人利益的群体。但是，这并不是达尔文的看法。在《人类的由来》（*The Descent of Man*）中，他用了很大的篇幅讲述了一则关于道德进步的故事，它告诉我们，各种各样的演化过程赋予我们一种天生的感受力来感受他人的需求，通过理智反思，这种感受力变得更为敏感，也更加有效：

近来，我的努力已然表明，各种社会性的本

> 能——人类道德建制的首要准则——在积极理智的推动下，在习性的潜移默化中，会很自然地引出这一黄金法则："汝等所欲施于己者，即应以此施于人"——这便是道德的基础。[1]

达尔文并不是想说，演化把我们变成了自私自利的野兽。他认为，演化倒是把基督教伦理铭刻在我们易受外界影响的大脑中了。

这是19世纪70年代的学问了。到20世纪70年代，生物学家往往会就人类的动机给出非常冷漠的解释，他们采信了一种比达尔文的演化观更为复杂精致的观念，并以此对这种解释加以辩护。例如，著名的演化论理论家迈克尔·盖斯林（Michael Ghiselin）认为，"如果自然选择假说既充分又真实，那么就不可能演化出真正无私的或'利他'的行为模式"。[2]盖斯林似乎暗示，演化让我们变得自私起来。当然，这并不是说，我们所有人都会承认自己是利己的，因为，演化同样也会通过操纵和欺骗获得关键利益。因此，盖斯林尖酸地补充道："让我们划破利他主义者的皮囊，看看他虚伪的血液。"[3]

在过去的几年中，关注社会行为的演化论者再次变得信心爆棚，他们觉得自己可以解释人类为什么愿意帮助他人，而且，他们还开发出各式各样的工具来解释演化过程如何导致了这种倾向。接下来，我们就来处理科学家在试图解释道德行为的演化起源时所遇到的一些困难。

利己与利他

嘲世派（cynic）往往会对他人的行为给出吝啬的解释。如其目睹一次善意的帮助，他会说那只是为了给旁观者留下慷慨的印象。一位当红流行歌手为全球正义奔走呼告，嘲世派会忖度，这位名人怕是想借机靠近达沃斯的精英。嘲世派这种促狭的立场缺乏证据：它冒冒失失地猜测人类在本质上是利己的，但这没有任何合理的依据。达尔文认为，这种立场过分夸大地将每一种行为都解读成了自利行为，然而，某些行为似乎是即刻发生的，它们看上去不像是深思熟虑的结果：

> 许多文明人，甚至儿童……不顾及自我保全的本能，突然跃入急流来搭救一个素昧平生的溺水之人……这类行为……总是进行得极快，其间没有时间可供再三思考，也不容许有任何苦乐之感的机会。[4]

既然嘲世派关于人类行为动机的解释绝难成立，它为什么还会被认为是可信的呢？

我们这一物种的演化图景和我们人类道德的嘲世派画面之间的联系诱使我们得到一个错误的答案：有人可能会认为，

演化过程事关生物个体之间的斗争，加之适者生存，所以，自然选择势必会青睐有益于生物个体的性状。

这种观点得到了达尔文某些评论的支持。他认为，自然选择“单单通过每一存在者的善好发挥作用，并以此促进其善好”。[5] 倘若自然选择无法赐予有益于他者的性状，那它似乎就只能选择利己。因此，回到本世纪开头几年，我们看到，非常有影响力的社会生物学家理查德·亚历山大（Richard Alexander）就对明显带有伦理意味的投资者的意图大加怀疑：

> 我们很难想象，在股票市场投钱的人会出于利他的理由行事；若不是指望着（投资者本人未必意识到这一点）看得见的回报——其中包含着某种投资收益，怕是没人会做任何投资（亲戚间的投资除外）。[6]

亚历山大的这种达尔文主义与达尔文本人的看法相去甚远，它排除了利他。亚历山大也承认，生物会悉心照料它们的后代，但他的演化主义表示，这种行为必须被视作某种利己。“繁衍”，他说，“是一种利己行为，它只不过代表了繁衍者的生命利益”。

在本章的其余部分，我打算指出，人们从亚历山大的著作中总结出的观点是一种扭曲，它扭曲了生物学研究中最优秀的部分。我们没有理由认为，演化方面的研究强化了嘲世派有关人类道德的观点；同时，我们也没有理由认为，这种研究会为人类所有的善意行为留有余地。

两种利他

我们先来清理下那些有关自利的观点以及嘲世派的观点，要厘清这些观点，我们必须把相关概念搞清楚。从某种意义上说，利他即为有益于他者，而利己就是有益于自己。但是，当我们说某人利他的时候，我们到底在说什么呢？我们可能是在对此人的品格做出断言。更具体地说，我们可能是在谈论那些通常会促成其行为的理由：利他主义者的行为出于他对他人福祉的关切，而利己之人的行为出于他对自身利益的考量。我们将这一路见解称为利他的心理学观点。

注意，因为这一定义涉及心理动机，所以它只能用于具有心理状态的生物。细菌能做一些了不起的事情，但它们的行为不会出于上述理由，因此，问细菌在心理上是利己的还是利他的，就显得十分荒谬。细菌太无忧无虑了：它们不在乎任何东西，包括它们自己。该心理定义还有一特征，即利他和成功与否无关：就评价心理学上的利他而言，重要之点在于，是什么让你采取了某个具体的做法，而不是你的行为最终是否为他人带来利好。心理学上的利他主义者的计划可能会跑偏，甚至，最后得益的是自己而非他人，但是，这还不足以使其成为心理学上的利己。

这种心理学上的定义着眼于动机的理由，它与演化论理论家普遍就利他在生物学上的理解形成了鲜明的对照。利他——且只有这一特定理解方式下的利他——向自然选择的朴素理解提出了一道难题。因为我们可以不从促成行为的心理原因来理解利他，而是通过某一行为对他者的生存繁衍所产生的影响理解。让我们来考察雄性帝企鹅在冬天里的悲惨遭遇：它们必须在有时低至零下 45℃的低温，以及刮着 50 米每秒大风的恶劣环境中生存下去，它们在孵蛋时不得不这么做，而且还吃不到食物。

在这种恶劣环境中生存下去的关键是抱团取暖：企鹅们紧紧地偎依在一起，每平方米冰原上甚至有 21 只企鹅。围聚中心的温度有时高达 37℃ 。[7] 当然，外圈的企鹅要更冷一些，不过，它们会轮流换至外缘，这样，每一只企鹅就都能受益。但让我们来设想，某只不择手段的企鹅赖在围聚中心不走，从不去忍受外圈的寒冷。由此，它将获得抱团取暖的所有好处，而用不着付出任何代价。比起这位吃白食者，那些轮换位置的企鹅便可被认作是利他主义者，它们的行为让这只企鹅的处境比它们的处境要更好。

演化论者通常会把生物学上的利他行为理解为这样一种行为：它增强了他者（“受惠者”[recipient]）在生存、繁衍方面的能力，而损害了表现出这种行为的生物个体（“作用者”

[actor]）的生存和繁衍。换句话说，利他行为增加了受惠者的生殖适度（reproductive fitness），同时降低了作用者的生殖适度。生物学上的利他和心理学上的利他不同，它根本就不涉及品格或动机。因此，问细菌是否可能表现出心理学上的利他根本就没有意义，有意义的问法是，细菌是否有可能在生物学上有利他行为。事实上，这不仅仅是可能性而已。在微生物行为的研究中，人们经常会提出利他问题。虽然细菌不会定制计划，虽然它们没有个性，但它们却是极具社会性的生物。正如我曾经的学生乔纳森·伯奇（Jonathan Birch）指出的，“我们现在认识到，细菌培养皿上难以名状的一团东西实际上是一个充满活力的社交网络”。[8]

黄色粘球菌（myxococcus xanthus）菌落在接近食物源时会涟漪般地移动，这种行动方式或许可以让食物得到更有效的利用。它们像是协调有序的群体性猎手。其他一些细菌菌落会向它们的环境释放化学物质，这些化学物质的作用——无论是有毒的，还是黏合的、助消化的，或是有其他什么用处的化学物质——有益于菌落的所有成员。这意味着我们可以就细菌来问一些与企鹅相同的问题：由于产生这些有效益的化学物质要付出新陈代谢方面的努力，难道我们就不能相当肯定地认为，细菌中的吃白食者获得了由菌落中其他成员产生的利好，却没有不辞辛劳地贡献它的力量？难道吃白食者不比其竞争者表现得更出色？难道它不会接管整个菌落，最终击败一开始提供利好的合作者？生物学上的利他问题可以就所有生物发问——不限于那些拥有大脑的生物，也不限于那些具有理性行为的生物。[9]

借助生物学上的利他和心理学上的利他这一区分，我们马上就可以舒缓许多显而易见的不安——它们来自演化论给出的我们的道德自画像。自然选择偏爱那些悉心照料其子女的父母：比起独占所有可获得食物而让其孩子们忍饥挨饿的生物个体，将资源给予其孩子的生物个体将拥有更健康的子孙后代，而且它们将继承亲代那些能够带来裨益的习性。因此，亲代关怀（parental care）通常被认为是一种生物学上的利己。但是，这并没有告诉我们，是什么样的心理状态（假定相关的生物个体有心理状态）促成了这种善意行为。

我们可以认为，自然选择赋予生物个体对其子女之福祉真正无私的关切，这么想并无矛盾之处，只要我们关心的是如何评价人们的品格，那么，心理动机就是我们的首要关切。理查德·亚历山大的评论，“很难想象有人会出于利他的理由在股票市场上投资”，忽视了这样一些并不鲜见的情况：人们为了给他们的子女留下一笔遗产而在股票市场上投资。

对于非亲缘（non-kin），心理学上的利他同样也受到自然选择的青睐，它只需对生物学上的利己特性做一些简单的操作。为了说明这一点，让我们设想，在某个社会中，有些人是吝啬的，而其他人都慷慨大度。吝啬之人仅仅在乎他自己，从不会为他人糟糕的处境所触动，牢牢守着自己的资源。而慷慨之人愿意同他人分享自己的东西，这是出于他们对同胞之福祉的关心。不过，让我们再加入一条：慷慨之人只与那些值得分享的人分享资源，说得再具体一点，他们拒绝与吝啬之人分享资源。这意味着，吝啬之人从不会收到他人的赠予，而慷慨之人却常常能收到他人的赠予。这反过来会让吝啬之人更易遭受不幸：若遇上不景气的年份，吝啬之人的处境将是灾难性的，反观慷慨之人，他们将享受到社会保障体系的庇护。在一个收成不定的环境中，可以料想，比起吝啬之人，慷慨之人将有更长的寿命，同时，他们也将生养更为健康的子女。不错，实际情况就是，吝啬之人在心理上的是利己的，而慷慨之人在心理上是利他的（尽管有点儿假仁假义）。

罗伯特·特里弗斯（Robert Trivers）曾就此类选择性分享在演化上的意义做了开创性的数学探索，他把这种现象称作"互惠性利他"（reciprocal altruism）。[10] 但人们也常常指出，从严格的生物学角度来看，"互惠性利他"这一提法用词不当：在上述虚构的例子中，慷慨根本就不是生物学上的利他，因为慷慨之人所享受到的益处让他们一辈子都比吝啬之人过得要好。[11] 于是，慷慨反倒在生物学上是利己的。尽管如此，我们也不应认为，种种互惠背后的心理动机必定是利己的。特里弗斯机制再一次表明，自然选择能够增进那种真正的心理学上的利他。

自私的基因

在社会生物学家当中，理查德·亚历山大与众不同，他对心理学上的利他观与生物学上的利他观之间的分殊无感。理查德·道金斯（Richard Dawkins）显然就没有犯这种错误。在其引人瞩目的具有文化里程碑意义的著作《自私的基因》（*The Selfish Gene*）的开篇，他谨慎地告诉我们，在讨论生物学上有关利己与利他的观点时，“我的研究目标不在各种动机的心理影响。我不拟论证人们在做出利他行为时，是否‘真的’暗地里或下意识地抱有自利的动机”。[12] 道金斯在基因之利己方面的深入思考并未直接向我们证明任何有关道德品格的东西。

就生物学上的解释而言，道金斯的自私的基因这一研究路向所带来的价值问题相当引人关注，但是这个问题在很多方面仅是一个容易转移人们注意力的次要问题，尤其当我们关注的是进化对人类的良善意味着什么这一更宏观的问题时。[13] 演化生物学家感兴趣的性状是可以从一代传至下一代的性状。只有这类性状是自然选择可以施加影响的。例如，如果捕食性动物的奔跑速度会随时间的推移演化得更快，那么，拥有较快奔跑速度的个体之后代也得比种内一般个体的奔跑速度要快。

生物学家通常假定，性状之所以会被继承，是因为亲代将其基因传给了后代。在接下来的大多数讨论中，我们也假定，基因不仅能解释像奔跑速度这类性状的遗传，它们同样可以解释利他倾向的继承。在本章末尾以及下一章，我们将会看到一些质疑继承必须靠基因遗传的理由。眼下重要的是，我们需要着重指出，基因遗传继承这一假设既不是说，基因能够单独促使捕食性动物的幼崽成长为迅捷的成年个体，也不是说，在幼崽成长为成年个体的过程中，基因的因果效应是不可避免的。捕食性动物的奔跑速度不仅仅由其基因决定，它同样受到其饮食条件、规避意外的运气以及许多非基因因素的影响。主流演化理论只指出基因——在许多其他影响因素中——对受精卵如何发育为成年个体这个过程起到可靠的作用。

基于这种相当朴素的对演化进程运作机制的理解，我们马上就会得到这样一个结论：若是参与巩固某一性状之继承的基因没有取得成功，那么，该性状也就无法在某一物种当中取得成功——也就是说，它不可能出现于绝大多数种内成员的身上。这也意味着，一旦生物学家研究某一物种会如何随着时间的推移发生改变时，他可以采纳一种有时被称作"基因的视角"（gene's-eye perspective）的研究路向。生物学家可以发问，"为了在这一种群中传承，基因必须做什么？"换言之，生物学家思考所有的演化过程时，可以依据基因必须"试图"做什么才能增加它们在生物后代中的体现。

道金斯本人支持这种自私的基因的理论，他认为该视角有助于探索自然，而且，确实已有众多的生物学家出示证据表明，这种思考方式是有益的。[14] 不过，一旦采纳了基因的视角，我们必须牢记，基因确确实实不会试图去做任何事情：它们只是有着种种效应，这些效应在一些环境中得到青睐，在另一些环境中便处在不利的位置上。我们已经看到，因为基因使其拥有者在心理学上是利他的，所以它们有时候得到了青睐。但是，由于基因并未有其动机，我们不能套用道金斯的想法，说人类诸多行为表现出的显而易见的无私是一种狡黠的伪装，掩盖了种种深藏不露而又丑陋不堪的事端。

利他的实际情况

自然选择并未排除心理学上的利他，因为，生理学上的利己行为大可以在心理学上是利他的。这表明，我们的难题已有所缓解，不过，该难题并没有消失。我们似乎马上就可以从有关生物学上的利他定义中得到这样一个逻辑结论：自然选择——如其被理解为根据个体生物在生存繁衍方面的能力来进行选择的过程——永远不可能促进生物学上的利他行为。难道说，生物学上的思考竟带来这样一个结论：所有行为说到底都有益于作用者？

达尔文本人的著述并未涉及适度（fitness）与利他，但他确实意识到，利他行为给他的理论出了难题。达尔文认为，人类道德的根源在于同情：我们对他人的不幸感同身受，这驱使我们去帮助那些罹患痛苦、面临危险的人。但是，达尔文问道，我们为什么会有这种感同身受呢？

> 就同一个部落而论，大多数成员一开始是如何被赋予了这些社会与道德品质的呢？同在一个部落之中，更富同情心而又仁善一些的父母，或对其同伴们最为忠诚的父母，比起那些自私自利而又反复无常、诡诈百出的父母来，是否会抚育出更多的子女，是一件极其可疑的事情。[15]

好比那只吃白食的企鹅，难道自然选择不该青睐那种只为自己及其子孙后代着想行事的个体？他大可以从其他个体的善行那里获益，而又用不着帮助他们。

有证据表明，通常会如此行事的人是有益于非亲的，而且，最简单的自然选择学说力图对这类行为加以解释。让我们来考虑所谓的“最后通牒博弈”（Ultimatum Game），这是一种全年龄段可进行的双人游戏。设想这里总共有十块钱，第一位游戏者必须从中拿出一部分分给第二位游戏者。如果第二位游戏者接受了第一位游戏者的分配，两人就拿到各自的钱。但若第二位游戏者拒绝了这个分配方案，两人就分文不获。那么，第一位游戏者，即“提议人”，应该拿给第二位游戏者多少钱呢？

如果我们所有人是完全利己的，如果我们知道我们所有人是完全利己的，那么，第一位游戏者理应只给第二位游戏者一分钱，而给自己留下九块九毛九。但别忘了，第二位游戏者若是接受了这笔交易，她就可以得到一分钱；而要是拒绝了这笔交易，她将一无所获。所以，第二位游戏者应该接受那一分钱。反过来，若是得知这将是第二位游戏者不得不做的选择，第一位游戏者也就不应该拿出更多的钱来分配。但真实人群进行最后通牒博弈时，他们几乎从不这样做。提议人，例如来自美国和欧洲这些地方的人，通常会拿出一半的钱分给第二位游戏者。[16]

我们不能简单粗暴地认为这些结果不合理就不予考虑：并没有一个可行的、合理的理论教我们应该仅仅关心我们自己。相反，这些结果表明，人们有关公正的诸多观念使其想以大致平等的方式分配资源。说来也怪，有证据表明，学习经济学——也许是因为它鼓励利己是合理的这一想法——可能会助长人们在上述游戏中的利己水平，尽管我们知道，经济学从一开始就会单纯地吸引那些更为利己的学生。[17]

经济学家不同寻常的行为暗示出不同文化间的差异。针对最后通牒博弈的回应在不同的文化间也有所不同，这表明，人们对于何为公道的提议有不同的看法，对何种提议应当受到惩罚亦有不同的理解。例如，演化人类学家约瑟夫·亨里奇（Joseph Henrich）早年的工作表明，秘鲁亚马逊丛林的马奇根加人（Machiguenga）——他们极少同其大家庭以外的人合作——通常会在最后通牒博弈中给予他人 15% 的份额。[18] 抛开这一极端案例不谈，世界上大多数地方的人总是会给予他人大致 50% 的份额，其数额远远高于我们基于纯粹利己预测的额度。所以说，几乎没有证据表明，演化进程会让我们大多数人变得自私自利，哪怕它对经济学家有所影响。

关于人们在日常生活中的行为，这些不折不扣的人为游戏能教给我们多少东西呢？对此，我们可以大加怀疑，因为比起这类简单博弈所设置的情景，人们在更为丰富的环境中有着互动。当然，我们几乎不可能在现实中碰见天上掉馅儿饼的事情，从而分给某位素昧平生之人些许的意外收获。相反，一旦我们做出决定，要为他人分钱的时候，我们极有可能已经或想要知道这些钱来自何处。是我挣得的吗？是我俩挣得的吗？这些钱会不会是不义之财？它们是来自富人的捐赠，还是说，来自穷人的赠予？同样，我们很可能想知道，我将与之分享钱物的人的个人情况。我认识他们吗？他们是不是患病了？他们会不会在抚养未成年的孩子？最后，我们可能还想知道，我的选择会不会带来某些不良后果。会有跟踪调查吗？我是否可能会被抓起来，或受到恐吓？试图让这些情景变得更加现实的研究甚至还会作出与纯粹自利并不相合的裁决，同样，我们的日常经验也提供了充足的案例，在这些案例中，人们以有益于他人的方式行事，甚至当他人与自己毫无关系时亦是如此。我们当中有许多人会把钱捐给慈善机构；大多数人会与共同体中的其他成员和睦相处；我们会纳税，很少有人会偷盗，即便我们确信我们会逃脱处罚；我们大多数人会文明有礼地相待他人，即便我们不大会再次遇上他们。

演化论者并未试图解释掉这些资料，由此对善意行为做出回应；相反，他们开发出了大量的理论资源，极大地扩展了达尔文用以思考自然选择的理论体系。为了理解这些进路的发展情况，考察一下达尔文本人就利他问题给出的解决方案将会很有帮助。我们记得，达尔文曾担心，当我们考虑相互竞争的个体时，帮扶非亲这种道德倾向像是某种障碍：

> 切勿忘记，就同一处部落的每一个个体及其子女来说，尽管高标准的道德并不会为其带来多大的好处，甚至没有好处，但对于整个部落，如果部落中天赋优异的成员数量有所增加，道德标准有所提高，它就无疑有着莫大的好处，有利于该部落在竞争中胜过另一个部落。[19]

虽然作用于个体的自然选择倾向于淘汰利他行为，不过，若我们换种方式来理解自然选择，在达尔文称之为部落或共同体的层面上进行考察，那么，这种行为便会受到青睐。近些年来，这种演化机制常常被称作群体选择（group selection）。

来自内部的颠覆

20 世纪 60 年代到 70 年代这段时间里，生物学家乔治·威廉斯（George Williams）、约翰·梅纳德·史密斯（John Maynard Smith）等人对群体选择学说提出了严厉的批评，引起许多理论家对该过程的怀疑。群体选择的问题是，它常常敷衍了事，立论不牢靠。也许，确如达尔文所言，内有正派之人的部落在战争中要比那些满是无良之辈的部落表现得要好。但是，难道这就可以让我们确信道德成形于某种群体选择过程？难道道德之邦就不可能被满眼故态复萌的游手好闲之徒“从内部颠覆掉”，从而导致一帮日益无能、懦弱不堪的共同体争来斗去？不错，有利条件将降临于组织更为良好的群体，但我们该抱持何种信心，认为这种有利条件能够战胜从其内部蔓延开来的腐化呢？

演化式思考引入了崭新而又严谨的数学来解释社会行为，由此回应上述担忧。这些接受过更为严苛训练的思考全都认识到（粗略地说），要是利他所带来的利好在利他主义的受众那里程度不一，利他就可以演化发展。说得再粗糙一点，利他能够在利他主义者们凑在一起的时候得到演化。

我们很容易通过两个高度简化了的案例——这两个案例展现了利他群体的两个极端情形——看到这其中的要点。设想，在这两个案例中，基因遗传意味着，利他的生物通常会有利他的后代，而利己的生物通常会有利己的后代。假定上述生物是无性繁殖的：它们无需配偶就能繁衍后代。在第一个案例中，让我们设想，这种生物根本就不在乎它们与其他什么样的生物生活在一起，只要它们待在它们一开始出生的那个群体中就行了。再设想，有少许利己的个体散见于利他的生物群体。如此一来，那些有着少量利己个体的群体将比拥有大量利己个体的群体过得要好，不过，在每一个群体中，利己的个体都比该群体中利他的个体过得要好，因为，它们无需付出就能享受到由其他个体的利他行为带来的好处。每一群体中的利己行为将持续增长，直到再没有任何一个利他的个体存在。对于这种情况，来自内部的颠覆对于利他的演化将是致命的。在第二个案例中，让我们设想，利他的生物可以本能地且可靠地找到彼此，同样，利己的生物也是如此。于是，这将形成由利他个体组成的群体，而且它们的组织要比利己个体所组成的群体更为优秀。不仅如此，来自内部的颠覆在这里将不再是一个问题：我们的设置保证了利己个体和利他个体不可能出现于同一个群体。在一个作为整体的种群中——换句话说，让我们通盘考虑所有群体——可以预见，利他个体的数量将持续增长，直至利己个体不复存在，还可预见，这种情形将非常稳定——即便由于基因突变，种群中偶尔出现了利己的个体。这则故事告诉我们，如果利己个体和利他个体分布得当，那么，利他主义就可以得到发展。

对于诉诸“群体选择”这一做法的合理性，近期演化论方面的工作教给我们什么东西了呢？答案可谓混乱纷呈。如前所述，利他可以在利他主义者的群体中得到演化。这意味着，在一个大的种群中，自然选择会青睐哪类性状，要看这一种群是如何分成诸多小群体的。就此而论，群体选择言之有理。但是，如此思考“群体选择”要求过多：区区这样一个事实，即生物的行为有益于它所生活的群体，并不能保证这些行为将会得到演化。这便是内部颠覆问题教给我们的东西。

为什么说我们理应期待这种利他个体的聚集对于利他的演化是必须的？演化理论研究内部的一些重要革新就此作了解释。[20] 很显然，系谱关联度（genealogical relatedness）就是使其成为可能的一种机制。设想，某些基因使其拥有者是利己的，而另有一些基因使其拥有者是利他的。如果生物体总是与其父母和手足同胞互动，如果遗传过程意味着同一家族的不同成员拥有类似的基因，我们就有理由认为，利他个体将聚集在一起。W. D. 汉密尔顿（W. D. Hamilton）提出了这种亲缘选择（kin selection）机制，后来，道金斯在《自私的基因》中将其发扬光大，该机制表明，基因关联度正好可以以这种方式解释利他行为（以及其他许多社会行为）的演化。不过，汉密尔顿本人很清楚，系谱关联度只是解释同类生物之间相互作用的一种方式。

汉密尔顿关于基因关联度之重要性的评论似乎暗示，就利他的演化而论，重要的是，这些不同的生物个体全都是同一家族的成员，也就是说，它们在血统上是有联系的。事实上，比起这一严格的家族概念，汉密尔顿的关联度概念要更为一般，也更为技术化。在汉密尔顿看来，称两个生物有联系，无非是说，它们拥有同样的基因。共享基因的生物确实可以最终被联系到一起，因为它们同属一个家族。但其他许多机制也可以有同样的作用：也许，共享基因的生物会主动找出彼此；也许，共享基因的生物会找到同样的食物，它们联系在一起只是一个附带的结果。

这便是道金斯所假想的“绿胡子”（green beard）效应（这个观点同样取自汉密尔顿早期的著作）教给我们的东西。设想，有一种基因被称为“绿胡子基因”，它有两种作用：首先，拥有该基因的个体将长出绿色的胡子；其次，它可以让这些绿胡子个体找出彼此，并互帮互助。带有绿胡子基因的个体将会聚集在一起，相互扶持。即便来自完全不同的家族，他们也会这么做。用汉密尔顿的话说，他们表现出了高度的基因相关性，哪怕他们在系谱意义上并无联系。这则故事教导我们，亲缘选择并不仅仅作用于亲族。[21]

当然，道金斯引入绿胡子这一思想实验，意在通过这一虚构的奇怪案例说明概念上的要点。后来的研究表明，自然界确实存在着某种具有绿胡子效应的基因。一旦拥有某种特定的基因，红火蚁（red fire ant）的蚁后便能释放出某种气味。其他带有此种基因的红火蚁可以利用这一气味来识别哪些蚁后拥有该基因，哪些蚁后没有该基因。它们会杀死不带有该基因的蚁后，留下那些带有该基因的蚁后。[22] 换句话说，上述基因产生了一种可识别的气味，这种气味促进了对其他拥有该基因的红火蚁的善意行为：在本例中，这种善意行为便是留下拥有该基因的蚁后，而不是杀死它们。这种基因所产生的气味与绿胡子有异曲同工之妙：该基因的拥有者可以认出彼此并善意相待，因此也就有益于该基因未来的前景。

达尔文的复兴

理论家们开始认识到，比起我们起初认为的那样，汉密尔顿的真知灼见有着更为普遍的应用。在这一章的开头，我提到，演化生物学一般会假定，基因的传递保证了亲代与其后代之间的相似性。于是，这里便有了一个现实的问题：整个动植物界的代际遗传会不会有时可以通过另外某些非基因机制来实现。[23] 无论我们会对这一宽泛的问题做何种解答，显而易见的是，我们这一物种诸多重要的行为、实践以及技术之所以会代代相传，并不是出于基因的传递，而是因为我们彼此间的相互学习。[24] 那些带有促进利他行为的基因的个体更有可能聚集在一起——也即汉密尔顿的“基因关联度”可能很高——是因为文化的力量。像放逐（ostracism）这种强制性的社会整合，甚至，经过慎重考虑迁入另一繁盛群体的这类行为，或许可以解释利他主义者为什么大都与其同类互动，而不是与更利己的个体互动。

新近的一些研究进一步试探性地扩展了文化在演化过程中的作用。又一次，汉密尔顿教导我们，如果利他主义者聚集在一起，利他就能得到演化。利他主义得到演化，不仅仅在于文化力量解释了利他主义者为什么会花时间待在一起，而且也因为他们之间的相互学习（而非基因的传递）解释了婴儿为什么一开始便会成长为一名利他主义者。[25] 孩子们之所以会在道德品格方面表现出相似性，并不是因为他们拥有同样的基因物质，而是因为他们在校园里受到同样风气的耳濡目染，或他们试图模仿同一个榜样。如果文化上的影响力既可以潜在地导致利他倾向的获得，又会让利他主义者可靠地聚集在一起，那么，我们就更有理由怀疑：若是作用者的亲族收获了利他带来的种种好处，演化进程还能否独独偏爱利他？

近些年来，汉密尔顿的基本洞见得到了推广，并在许多方面变得愈加复杂。这些发展促使我们摆脱了那种朴素的演化论：只有将他人视为我们的家族成员时，我们才会做出有益于他人的行为。在解释我们帮扶他人这一倾向的时候，现在的演化论理论家不再将其解释局限于裙带式的帮助（nepotistic forms of assistance）倾向，也不再囿于用遗传学上的观念来解释这些倾向是如何被继承的。他们已然发展出了大量的理论，这些理论非常重视以下结构：包括群体选择、交流沟通、对与谁人相处所作的有意识的选择，以及对学习在道德发展过程中所起到的作用所作的有意识的选择。虽然这些理论体系有着达尔文无法企及的数学水平，但它们所描绘的画面与达尔文通过兼容并收的方法所给出的道德倾向的演化画面有许多相同之处。现代演化理论拒绝嘲世派对善意行为的重新塑造，不仅如此，在解释我们为何会帮助素昧平生之人时，它还承认文化在这其中起到了积极的作用。当现代演化论者抓破一个利他主义者时，他们看到的将会是流着血的利他主义者。

扩展阅读

对于种种利他主义，有一本非常重要且易于理解的著述，其中就群体选择在导致利他行为的过程中发挥的作用作了辩护。参见：
Elliott Sober and David Sloan Wilson，*Unto Others：The Evolution and Psychology of Unselfish Behaviour*（Cambridge，MA：Harvard University Press，1999）。

关于群体选择争论的细节，见：
Mark E. Borrello，*Evolutionary Restraints：The Contentious History of Group Selection*（Chicago：University of Chicago Press，2010）。

在对利他所作的演化研究中，有一些极为重要的革新，对此，下面这本书给出了扣人心弦的历史描述。见：
Oren Harman，*The Price of Altruism：George Price and the Search for the*

Origins of Human Kindness（London：The Bodley Head，2010）。

最后，有一本书总结了最新的（同时也是有争议的）一些关于利他的理论研究。见：

Martin A. Nowak，with Roger Highfield，*Supercooperators：Altruism, Evolution，and Why We Need Each Other to Succeed*（Edinburgh：Canongate Books，2011）。

第七章

CHAPTER 7

天性——当心！

现代迷信

在主流的科普著作那里，有一事让人印象深刻：关于人类行为中有多少可以归诸天性（nature），多少可以归诸文化、学习、社会化或某种后天培养过程，存在着一场旷日持久的激烈争论。例如，认知科学家斯蒂芬·平克（Stephen Pinker）的著作《白板：人性的现代剥夺》（*The Blank Slate: The Modern Denial of Human Nature*）透过其书名向我们暗示，人性不应被剥夺掉，对人性的描述是一项重要的任务，而头脑不清楚的社会科学家对现在的局面负有责任。[1]

我们还发现，政治上保守的思想家企图借某种人性概念对各种技术革新，特别是人类繁殖领域里的技术革新大加质疑。我们应该考虑用基因工程来改变人的本性？或许，我们应该对人性的完整性抱有更加谨慎的态度？迈克尔·桑德尔（Michael Sandel）是一位在公众中很有影响力的政治哲学家，他曾表示，通过基因工程或药剂强化而改变人类的种种努力，不应“人为地消除（孩子们的）天生能力，而应使这些能力得到健康的发展”。[2]但前提是，我们要能确定一个孩子的哪些能力是天生的，才可以区分哪些是对天性的扭曲，哪些是对天性的促进。

莱恩·卡斯（Leon Kass）曾任乔治·布什（George W. Bush）的总统生命伦理委员会（PCBE）主席，在其关于克隆伦理的一些言论中，他有时暗示，尊重人类的天性，以及一般地，尊重哺乳动物的天性事关重大。克隆技术一旦得到准许，它便将成为一种无性繁殖的手段，因为该项技术仅需单个亲本就能繁殖出后代。然而，如卡斯所言，“有性繁殖……建立在天性的基础上，是所有哺乳动物最自然的繁殖方式”。因此，克隆“本身是一项重大的改变，它实际上是对我们既有天性——我们是有血有肉、有两性之别，并且能够赋予生命的存在者——的严重亵渎”。[3]

一些见多识广的思想家宣称，人类天性这一想法在新近的科学研究中没有容身之地，对此，我们也许会感到惊讶。著名生物学哲学家戴维·赫尔（David Hull）始终“怀疑那些持续不断、有关人类天性之存亡及其重要性的主张”。[4]生物学家米歇尔·盖斯林（Michael Ghiselin）——他同样以其在科学史和科学哲学方面的开创性贡献而闻名——说得更为直白：“关于人类天性，演化教给我们什么了呢？它告诉我们，人类天性是一种迷信。”[5]如果我们并无一个明了易懂的人类天性概念，有关人类行为及思想有多少可归之于天性、多少可归之于文化的争辩就毫无意义，认为诉诸人类天性便可担当起所有的伦理重负同样也毫无意义。那么，反天性一说的论据是怎么样的呢？

文化的可变性

心理学研究有很大一部分是在美国、英国等富裕工业国家的大学里完成的。这意味着，在招募志愿者的时候，这些大学里的学生更容易成为被试人。因此，就人们的思考方式而言，我们对这类特定人群的了解要远远多于对一般人群的了解。正如约瑟夫·亨利希及其合作者指出的，正规的心理学研究课题大都来自WEIRD（西方的[Western]、受过教育的[Educated]、工业化的[Industrialised]、富裕的[Rich]、民主的[Democratic]）社会。[6]如果可以证明，在这些学生身上所做的心理学研究能够合理地推广至一般人群，问题也许还不大，但实际情况并不是这样。根据对富裕的西方学生的了解，我们可能冒冒失失地作出推论，这些推论有时会助长这种想法：在世界各地的人们身上存在着一些普遍的行为或思维模式。

上一章让我们对这一研究结果的看法有所缓和。彼时，我们看到，不同文化间的最后通牒博弈有着显著的不同。针对其他文化的研究使人们对这种轻率推论的正当性产生了怀疑，这种情况并不少见，例如，长期以来，许多哲学家认为，视错觉的易感性（vulnerability）不会受到学习（learning）或教养的影响。然而，我们对该看法的信心也在逐渐消退。来看看著名的穆勒 - 莱尔错觉（Müller-Lyer illusion）：

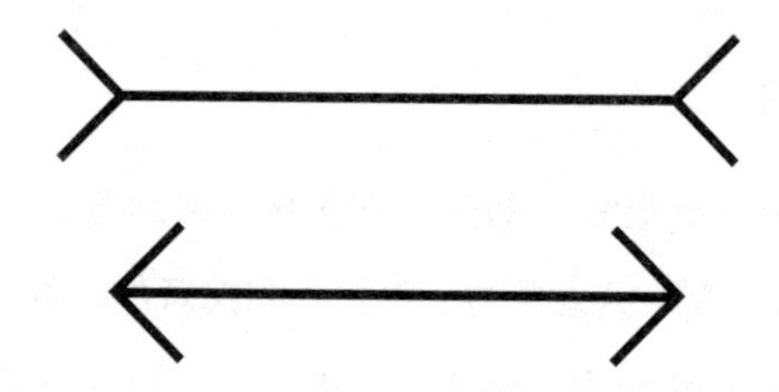

本书的大部分读者很可能认为顶部的线条比底部的线条长，但用尺子量过之后，我们会发现，它们实际上同样长。这只是读者们头脑中的假象，因为，并不是所有人都以同样的方式观察这两条线条。亨利希和他的同事再次提醒认知科学共同体注意马歇尔·西格尔（Marshall Segall）等人于 20 世纪 60 年代得到的一项研究结果：该研究表明，卡拉哈里沙漠（Kalahari）里过着狩猎采集生活的桑族人（San）根本就不会把穆勒 - 莱尔错觉图案看错。他们能够正确地看出两条线同样长。其他许多文化群体的表现似乎远不如美国人来得明显。[7]

亨利希及其同事还对另一本有关穆勒 - 莱尔错觉的早期著作有所提及——这本书出版于 1901 年，作者是剑桥人类学家、心理社会学家 W. H. R. 里弗斯（W. H. R. Rivers）。里弗斯对剑桥大学的本科生做了测试，在托雷斯海峡（Torres Straits）探险期间，他又对生活在穆雷岛（Murray）上的居民做了同样的测试，他也发现，前者对这一错觉图案的反应要比后者更极端。西格尔曾表示，对这一错觉图案的易感性取决于我们的成长环境。那些成长于充满直线和棱角分明的环境中的人表现得更为明显。正因如此，在各个人群中，作为被试参加心理学研究的美国人对这一错觉图案表现出了最极端的易感性。

也有研究表明，文化濡化（enculturation）可能会影响我们区分颜色的能力。[8]说俄语的人并无一个表示“蓝色”的通称，可以用来涵盖所有被说英语的人归入“蓝色”范畴的色度。他们有两个截然不同的词——*goluboy* 和 *siniy*——相当于英语中的“浅蓝色”（或“婴儿蓝”）和“深蓝色”。实验表明，当两个色块分属不同的俄语颜色范畴时——也就是说，其一是 *goluboy*，另一个是 *siniy*——比起它们属于同一颜色范畴的情形，说俄语的人能更快地区分它们。人们在对说英语的人就同样两个色块进行实验时发现，他们没有表现出这种优势。这表明，说俄语的人在体察从 *goluboy* 到 *siniy* 的色彩差异时要比说英语的人敏锐，因为在俄语中这两个颜色词有着更为精细的差别。

关于这种天性的研究令人着迷，也非常重要。但它并未直接削弱人性这一概念，相反，它似乎在提醒我们留意这种可能性：就我们大部分的组成来说，文化也许比我们所想的负有较多的责任，而天性比我们所想的负有较少的责任。今天，即便我们意识到这场论争的重点是划出一条界限，但我们仍然在天性和文化之间争执不休。那么，为什么会有哲学家质疑人的天性这一概念的正当性呢？

物种的天性

赫尔和盖斯林对人类天性的怀疑并不是基于他们对人类的任何一条具体的观点。他们的想法不是说，人类的学习（learning）或意志自由，莫名其妙地就将在我们这一物种中丢下这种变幻无常的泡腾片，使得任何企图阐明其天性的努力都必定受到破坏。相反，他们的怀疑基于他们关于所有物种（老鼠、卷心菜、腔棘鱼［coelacanth］等等）的一般观点。他们认为，生物界中无处不在的变异作用意味着，没有哪个物种具有“天性”。

少数哲学家认为，当生物学家问“是什么让一个有机体成为这个而不是那个物种的成员”时，其回答必定会诉诸某种类似基因的东西。[9] 这些哲学家曾天真地认为，生物学上的分类方法和化学中的分类方法大同小异。拿出一小块纯金属，问“这块金属由哪种化学元素构成？”答案取决于它的内部结构，更具体地说，取决于构成它的原子的序数。如果其原子包含 79 个质子，它就是块金；如果其原子包含 82 个质子，它就是块铅。这些哲学家假定，由于化学种（chemical species）的成员身份由样品内部结构的某个潜藏的方面所决定，所以，生物物种的身份也必定由有机体内部结构的某个潜藏的方面，比方说，遗传密码（genetic code）所决定。

就如何认识生物物种这一概念，众多杰出的生物学家也曾争执不休，但是，大多数敌对的学派都承认，物种的成员身份在事实上并不是由内在于生物体的性质所决定的。[10] 例如，其中一个非常有影响力的解释——大家可能在学校的生物课上就对它很熟悉了——告诉我们，物种指生物的集合，而这些生物能够潜在地相互繁殖。如果该解释成立，那么，使某生物成为老虎（而不是狗，比方说）的并不是它拥有“老虎基因”，重要的反倒是，该生物要能与别的老虎生出老虎来。

在生物学领域，还有其他许多有关物种身份的解释，但这其中大部分的解释一致否认生物的物种之所属由内在性质决定。某些解释认为，物种指颇具规模的系谱组群（genealogical unit）。这种观点否认“老虎”是具有合适 DNA 的生物，相反，“老虎”是指有着合适的亲代以及祖代的生物。另有解释告诉我们，物种是指生态位的占有者（occupant）。这种观点教导我们，“老虎”是指那种有着合适的生存方式的生物，它不是具有合适基因的生物。所有这些观点告诉我们，物种之身份与某种潜藏的内在组成无关。物种事关生物所处的关系——要么是它与其他生物的关系，要么是它与其先祖的关系，再要么就是指它与其生态位之间的关系。

赫尔和盖斯林认为，任何人，只要认识到生物学分类的这一面，他马上就会发现，物种并不具有天性。这是因为，在赫尔和盖斯林看来，生物的“天性”是某种内在性质——像化学元素的原子序数那样，这种内在性质既决定了该生物属于哪个物种，又解释了该生物所属物种的特性。金的属性由其原子序数确定，即拥有合适的质子数（79）使某物成其为金样（而不是铅样），与此同时，它也解释了该样品的导电性、密度、延展性等特性。由于并没有哪种生物性质可以同时发挥上述这两项作用，因此，赫尔和盖斯林争辩说，物种不具有天性。

借由这一对人性的基本怀疑，赫尔和盖斯林进一步强化了他们的两个看法。首先，他们指出，演化过程的本质是让罕见的性状变得普遍，普遍的性状变得罕见，因为新的基因突变会被自然选择所青睐，由此取代先前的那些显性性状。其次，他们指出，认真细致的研究常常会削弱这一朴素的假设，即普遍存在着种内性状（trait within species）。如前所见，心理学研究也会动摇我们的这一假设，即世界各地的人们以同样的方式区分颜色，或他们以同样的方式看到错觉。达尔文对藤壶的潜心研究让他确信，博物学家太过频繁地夸大了物种的单调性（uniformity）：

> 我深信，只要像我这样，多年来从事资料收集，最老练的博物学家也会有充分的根据发现，有关可变性，甚至重要构造器官之可变性的案例多得惊人……当一些论者申言，重要器官从不发生变化时，他们有

> 时陷入了循环论证。实际上，这些论者把那种单调性强加给了不发生变化的重要器官（一些博物学家也如实承认了这一点）。照此观点，我们当然不会找到重要器官发生变化的实例。但若是换一种观点，人们定能举出许多重要器官也会发生变化的例子来。[11]

所有这一切说明了什么呢？如果赫尔和盖斯林是对的，我们就应拒绝这一想法，即拥有适当的基因组便可使某种生物成为人类。他们的工作也提醒我们，自满于性状之无处不在这一假设很危险。最重要的是，它提醒我们，随着演化过程的进行，任何物种的任何既有性状都可能兴起或衰落。但这并不妨碍我们对"人类天性"——大多数人在某段时间内所具有的诸多特征之集合——作出较为宽松的理解。实际上，似乎不难看出，平克等人所说的"人类天性"意指某些性状（尤其是心理特性）的集合，而演化过程碰巧让这些性状现在非常普遍地存在于我们这一物种。他们乐于承认这些性状可能在过去非常罕见，他们无法确定是什么让某种生物变成了人，即便现在也并非所有人都具备这些性状，而且它们很可能再次成为罕见的性状。我们仍不得不找到一个充足的理由来回绝上述这种有关人类天性之构成的朴素观念。

演化与变异

哲学家爱德华·马舍雷（Edouard Machery）曾就一种朴素的人性观给出了有说服力的辩护，这种人性观与平克等人的用意非常合拍。[12] 在他看来，人类天性无非是一系列性状，演化过程使其普遍存在于我们这一物种。不过，即使这种温和的提议，其科学基础也是有问题的。[13]

首先，我们为什么要认为，唯有这些普遍性状被冠以“人类天性”之名呢？自然选择有时会将有益性状在某一种群的分布水平推高至100%，但实际情况并不总是这样。抽象的生物学理论以及田野观察非常看重这一主题。长期以来，生物学理论认为，如果某一性状带来的优势取决于种群中其他个体恰巧表现出的行为，那么该种群便是一个混合种群，其中，单一类型的性状不会处在统治地位。

在约翰·梅纳德·史密斯对“鹰派”和“鸽派”之间的相互影响所作的理论探讨里，这一点得到了很好地说明。假设，生物在相互竞争某些重要的资源上，比如食物或配偶，遭遇竞争者时，它们会有一两种应对办法。鹰派会奋起战斗，直到某方获胜。鸽派则会主动避开进犯行为。现在让我们设想，某种群中的鸽派占到了绝大多数，而鹰派屈指可数。概率决定了鹰派将常常遭遇鸽派，而且当它们相遇时，鹰派会轻松赢得所有战斗。鹰派很少会在战斗中失利，它们将取得重要的资源，因此，它们的数量也将得到增长。但是，这并不意味着鸽派将被消灭殆尽。因为，一旦鹰派在种群中取得绝对数量，我们便会发现，鹰派最常遇见的是其他的鹰派，而不再是现在数量稀少的鸽派。鹰派将陷入无休止的、令其精疲力尽的危险战斗，因为，除非某一方受伤退出，否则它们绝不会停止战斗。此时，鸽派将占到上风，其数量将不断增加，因为它们畏避争斗，在彼此相遇时，它们会均分资源。结果，该种群中既有鹰派又有鸽派。

多态（polymorphic）物种，即该物种有各种各样的形态，并不仅仅存在于这类鹰鸽博弈的抽象模型当中。对自然之多样性的直接观察表明，在一元物种内部也有着形形色色的共存形态。侧边斑点蜥蜴（*Uta stansburiana*）是教科书中最为有名的例子。[14] 该物种的雄性有三种迥异的形态，每一种均有其独特的生存策略与解剖适性。有橙色喉部的雄性蜥蜴非常好斗。它们的领地很大。另一种雄性蜥蜴拥有深蓝色的喉部，其领地较小且不那么好斗。第三种雄性蜥蜴的喉部生有黄色条纹，它们完全没有自己的领地，但它们会偷偷溜进其他蜥蜴的领地找到交配机会。似乎没有哪种生存策略取得过优势地位，因为它们彼此间形成了一种石头—剪子—布般的博弈。黄纹的对橙喉的有优势，橙喉的对蓝喉的有优势，而蓝喉的又对黄纹的有优势。三种形态此消彼长，没有哪一种会彻底消灭另外两种。

这种观点是错误的：对于任何一个物种，必定存在着一种单一的显性设计(dominant design)——单一的物种的天性——而自然选择已然使其十分普遍。恰恰相反，演化过程往往可以可靠地产生包含着大量混合形态的物种。我们很快就会看到，以下观点同样是错误的的：如果自然选择确实将某种性状在某个物种内部变得非常普遍，那我们绝不能诉诸文化来解释该性状。抽象地谈论这一点可能颇为费解，不过，我们可以通过近期一些有关人类心理的研究加以理解。

文化适性

模仿是一种学习形态，涉及对他人行为的效仿。极少有物种能够模仿。灵长类动物学家、心理学家迈克尔·托马塞洛(Michael Tomasello)甚至怀疑黑猩猩是否有模仿能力。他认为，我们最好对黑猩猩的那种看似模仿的行为另作一番理解。雌性黑猩猩用木棍蘸地上的蚂蚁吃，她的孩子会注意到木棍上的蚂蚁。接着，小黑猩猩用木棍戳来戳去，想看看是否能弄到更多的蚂蚁。小黑猩猩最终会和她妈妈干同样的事，但这并不是她把注意力集中在她妈妈的行为并效仿这一行为的结果。她并未在模仿。[15] 然而，人类却是优秀的模仿者。人类的模仿能力有时被认作人类文化非凡创造性的关键所在：通过效仿他人，我们能够获得并进一步改进有益行为。照此来看，模仿是人类取得辉煌技术进步的秘诀之一。

所有这一切向我们表明，相比于其他物种，模仿在人类当中得到了高度的发展，它像是全体人类都具备的一种能力，对我们这一物种的演化格外重要。基于这些理由，我们很可能会认为，模仿是人性的重要特征。然而，心理学家塞西莉娅·海斯（Cecilia Heyes）指出，模仿能力是习得的。[16]

模仿理论的一个困难在于，成长中的孩子如何解决"对应难题"（correspondence problem）。模仿者先得对某一行为作出观察，尔后再做出与之类似的行为。这听起来很容易，但问题是，当身体动作难以观察时，要做到模仿就变得尤为困难。假使我的小儿子山姆看见我的脸庞发生了扭曲，他如何才能效仿这一行为呢？他几乎无法看着自己的脸来确保做出同样的行为。更重要的是，当他的脸以同样的方式扭曲时，其面部动作的内在感觉与我的面部表情并不相同。一个行为的外在表现与表现出这种行为时所具有的感觉之间并没有明确的"对应"。

海斯提出，只要婴儿能够同时经验到对某一行为的感知以及此类行为的表现，那么它们之间的联系就是可以习得的。但是，它们为什么要被一起经验到呢？对此，海斯提供了若干说法。有时候，因为婴儿可以看到自己的行为，所以它们就被关联在一起。这可能是因为他们可以看一看自己的双手是怎么动的，或者也可以借助一些辅助装置（比如镜子）来查看。共同的情绪反应（可能是对一些看上去很好玩的情境的反应）也可以让婴儿看见一个正在笑的人就跟着笑起来。

海斯主张，对某一行为的感知和该行为的表现之间的这些关联足以保证婴儿能够联想到何种行为像是他人表现出的行为，同时，当婴儿做出同样的行为时，他也会拥有相应的感觉。一旦这些联系建立起来，也就是说，一旦简单的行为模式的对应问题解决了，那么，只要我们遵从这些更简单行为的复合模式，更复杂的模仿也就不在话下。

海斯的观点不乏证据支持。其观点有助于解释以下事实：我们可以训练黑猩猩做出模仿行为；假以时日，新生儿的模仿能力才会浮现出来；鸟类似乎能够模仿它们处在群体中的行为等等。[17] 所有这一切意味着，我们应该认真地对待这一想法：某一特性的获得似乎与学习有关，就此而论，模仿他者的能力既广泛地分布于不同的文化群体，同时又对人类的互动和演化有重要的意义。模仿大概正是那种被我们想当作天生的特性，但其适应性的发展似乎在本质上又取决于文化的影响。

看来人的模仿能力是天生的、文化的，同时也是演化的产物。这是说，假使我们将经由演化而普遍存在于我们这一物种的诸多特性冠以“人性”之名，那么，“人性”有时就会自然而然地分辨出那些经由文化而普遍存在于我们这一物种的特性。文化是演化的一部分。事实证明，我们所能拥有的最恰当的“人性”观拒绝在天生的和文化的之间作出任何区分。

破解遗传

我是不是错过了什么东西？难道就没有一套行之有效的科学方法可以量化天性与种种教养各自的贡献？“遗传力”（heritability）这一概念不就告诉我们，各种性状——从身高到智力——的表现程度由基因决定吗？例如，2014 年 5 月，英国的《每日邮报》告诉读者，“新近的研究表明，面孔识别能力是可以遗传的，其 60% 通过基因传递”。[18]

奇怪的是，《邮报》的这则报道选用了这样一个标题：“人脸很难辨认吗？一切都取决于基因：研究称人脸识别障碍是遗传性的。”该研究显然没有说这种障碍“全都”取决于基因，它充其量只是说，这种能力超过一半取决于基因，不到一半受其他因素的影响。但是，如何量化基因的贡献呢？难道这就好比某人的财产中有 60% 继承自其父母，其余 40% 是他自己赚得的，基因对面孔识别障碍贡献为 60%，而其余贡献来自其他因素？毫无疑问，它不是在说，人脸识别障碍有 60% 是可遗传的。我们需要格外小心遗传力这一概念。

“遗传力”是一个技术性概念，它有别于我们熟知的遗传概念。[19] 非常粗略地说，遗传力被定义为，某个可量化的特性——它可以是脚的大小，也可以是收入——在一个种群中分布差异的程度，而这一特性与该种群中个体的基因构成变异相关。和前边一样，我们最好通过一个简单的例子，在远离人类遗传学的领域对这一概念加以理解。让我们先来考察植物。[20]

设想我们确知某地的土壤有同样的品质、肥力以及水和光照条件。再设想，我们将不同基因组成的玉米种子播在此处，让其生长。基因差异将充分说明这些植物成熟后的高度差异，因为它们的生长环境都一样。这意味着，在这片土地上，高度的遗传力非常高。现在假设，我们取出其中的一株，克隆若干基因完全相同的副本，将它们栽种于另一处土壤条件各异的土地上，在一些地方施以水肥，在另一些地方不施水肥。同样，我们让幼苗生长，记录它们长成的高度。我们发现，在此处，植株高度的遗传力很低，因为这些植株的基因并无差异，整片土地上的植株高度的变化将通过环境差异得到充分说明。

现在，我们可以更清楚地看到"遗传力"这一技术性概念和"遗传物"这一非正式概念的分殊。孩子们通常和他们的父母拥有同样的手指个数：父母们几乎都会有十根手指，而他们的孩子也几乎总是有十根手指。所以，我们很可能会说，手指个数是由父母传给子女的。但手指个数并非强可遗传性状。纵观整个人群，你很可能发现，大多数手指残缺的人是因为使用农用机械、工业设备、菜刀等遭受了意外事故。一些人可能在出生时就手指不全，因此，手指个数的变化或许与遗传变异只有微弱的相关性，这种相关性不可能很高。就此而论，手指个数这类性状是可靠遗传的，同时也只是弱可遗传的，这么说并不矛盾。

从玉米一例中还可以得到三项重要的启示，它们有助于我们从整体上来认识遗传力这一概念。首先，遗传力适用于种群，而不是个体。我们可以问，对于第一片土地上（其环境恒定）的植株，高度的遗传力是多少，或者，我们也可以问，在第二片土地上，无性系植株的高度遗传力是多少。总之，问单个植株的高度遗传力是多少没有意义。其次，我们可以仅仅通过改变个体的状况来改变遗传力。若我们换种方式照料田地，确保今后这片土地上的每一株作物处于同样的环境，那么我们便可以提高植株高度的遗传力。这是因为，一旦我们消除了环境差异，现存的高度上的差异就可以通过基因差异来说明。而先前，我们是通过基因差异连同环境差异进行说明的。第三，遗传力只是给出了相关性方面的信息。如果我们知道玉米种群的植株高度是高度遗传的，它就会告诉我们，高度上的差异在多大程度上与基因差异有关，不过，单凭遗传力我们还无法知道何种基因将使其长得更高。

现在，我们可以弄清 2013 年《卫报》上发生的骚乱是怎么回事了。故事是这样的，《卫报》先是放出了一篇由多米尼克·卡明斯（Dominic Cummings）撰写的文章，接着又刊登了英国教育大臣特别顾问迈克尔·戈夫（Michael Gove）的文章。[21]尽管标题乏味无聊——“关于教育和政治优先事项的几点思考”，但卡明斯的文章涵盖了人们最为熟知的议题，包括复杂性理论、天气预报、科学方法、康德和后现代。《卫报》只关注这份报告里的一小部分，其中卡明斯写道，遗传学有“巨大潜力影响教育政策、提高教育水平”。

卡明斯认为，“对教育机会和‘社会流动性’的成功追求将提高教育成果的遗传力”。他大量借助了著名行为遗传学家罗伯特·普洛明（Robert Plomin）的研究，他非但没有歪曲普洛明的研究（尽管一些不友善的专栏作家想作此暗示），还给出了一段还算合理的总结。普洛明在其与心理学家凯瑟琳·阿斯特伯里（Kathryn Astbury）合著的新书中继续说道，“既然遗传力的提高……可被视为一项成就，老师和家长们应该感到骄傲，而不是把它看作不值得信任、令人忧惧的决定论标志”。[22]

一旦遗传学与社会政策牵扯在一起，评论家便常常嗅到一股优生学的气息，它关联于某种令人生厌的宿命论：基因无可避免地决定了我们的未来。也许出于此故，英国影子内阁学校事务大臣凯文·布伦南（Kevin Brennan）早在 2013 年 10 月就说，卡明斯的观点“让人后背直冒凉气”。[23] 然而，当普洛明和阿斯特伯里说，教育成果遗传力的提高是值得骄傲的，他们并不是说，基因封印了我们的教育命运。相反，他们是在暗示一种让人欣慰的机会平等的图景。他们的观点似乎是，提高遗传力是一个值得追求的目标，因为，如果我们竟可以达成这一目标，那将意味着我们已经成功地敉平了教育环境的差异，使教育成果尚存的差异只被归于基因。

这听起来不错，但我们应稍加思考。回想下我们的玉米地。有很多方法可以使植株高度的遗传力达到最大化，所要做的只是将所有植株都置于同样的环境。要是每一株玉米都生长在贫瘠的土地上，得不到充足的水肥，农夫怕就不再对其玉米的高遗传力感到骄傲了。不尽如此，当我们思考如何改变这个恶劣的环境时，我们并不能保证，对某一株玉米有益的干预措施将有益于所有植株。个体差异可能意味着，一株玉米在马粪的滋养下长势良好，而另一株则需要牛粪。如果我们想让所有玉米都茁壮成长，充分发挥其潜力，我们很可能要区别对待它们。这是说，我们要将其置于不同的环境，以此来降低遗传力。因此，我们就不明白，为什么会有人说高遗传力是教育成果的目标。教育成果的遗传力在某一人群中的最大化并不意味着孩子们的潜能得到了最大程度的开发。

普洛明意识到了这一切，这种意识使他关于骄傲地看待遗传力提高的言论让人困惑。在接受《卫报》采访时，他强调，"孩子们的学习方式不尽相同"，在与阿斯特伯里合著的书中他也明确指出，高遗传力可能是因为儿童接受的类似的教学方法特别低劣。[24] 出于这一理由，普洛明同样充分地认识到，认为量化遗传力给出了天性而非文化或社会的高下这一想法涉及种种曲解，对于某些成就上的不平等，它难逃其咎。教育成果的高遗传力与每个人都没能完全发挥其潜力并不冲突，因为没人能得到恰当的教导。

如果我们希望学校能够培养出最优秀的孩子，我们就得对不同的方法详加了解，同时，我们还需详细地知道激发孩子们学习以及他们获得宝贵知识与技能背后的机制如何运作。遗传力研究为我们带来了基因型与教育成功之间的相关性信息。或许有一天，我们可以将这种相关性知识转化为有关学习过程的深刻见解。也许，这些知识最终会带来更有效的干预措施，能够满足所有的学习需求。但是，要达到成熟的科学阶段我们还有很长的路要走。

自然秩序

心理学研究表明，许多人直觉上就相信那种关于物种天性的特别棘手的构想。幼儿往往会认为每一生物都有种种内在的天性，如其正常运作，便会产生我们关联于相关物种的诸多可见的典型特征。[25] 换句话说，他们认为，猫拥有某种隐藏的内在性质，这种性质外显为“猫的”典型行为，比方说，它们喜欢捕食老鼠、爱咕噜。这些内在天性可能一直都不起作用，从而导致其应有的功效没有实现。所有猫都具有潜在的猫性，但有的猫很可能就不会捕猎，也不会发出咕噜咕噜的声音。

还有证据表明，人们很容易就认为，不仅物种有其隐藏的本质，性别和种族也概莫例外。[26] 可以说，同一性别或种族的所有成员共有内在本质（它可能会，也可能不会外显于行为）这一想法贯穿于许多有害的种族主义或性别歧视的刻板印象中。正是这一想法让达尔文对“黑人”和“澳大利亚人”作出了一般性的刻画。也使他赞同威廉·格雷格（William Greg）对爱尔兰人的描述——“粗心大意、卑鄙龌龊、毫无上进心”。假使“爱尔兰人”或“黑人”共有某一天性，那么，为这种天性作出一个单一的描述倒也讲得通。倘若这些内在天性在某些不适宜的情况下失效，那么，即便我们表明确实有一些碰巧一丝不苟、富足优越或胸怀大志的爱尔兰人，其存在也不能被证伪。内在的、本质性的天性这一概念确实会带来危害，部分是因为它强烈地抗拒证据。[27]

莱昂·卡斯（Leon Kass）对人类克隆带来的种种不道德大加针砭，试图动用人类、哺乳动物或天性这些字眼论述其伦理关切，这表明他对克隆深感不安。他的一些著作给出了一个引人注目的观点：明显自然的进程赋予我们某种特性，但就我们应该如何评判这一特性，单是这一事实根本就没有告诉我们任何东西。演化也许让人类有了某些需要培育的特性，但另有一些特性我们最好无需培育。[28]那么，当卡斯告诉我们“有性繁殖……建立在天性的基础之上，是所有哺乳动物最自然的繁殖方式”，他能走到哪里呢？[29]要反对克隆这种无性繁殖，这一说法还不能充当论据，除非我们能够提供更进一步的论证，来解释为什么有性繁殖是值得颂扬的，而无性繁殖应该被唾弃。

值得称许的是，在反对人类克隆在道德上是可被容许的论证中，卡斯正试图这么做。他告诉我们，一个同事曾问他，假使无性繁殖向来是人类繁殖的普遍方式，而科学家发明出一种使有性繁殖成为可能的新技术，那他会持有何种立场。他会反对改变人类天性的种种努力，反对使我们成为有性繁殖者吗？卡斯暗示，他不会阻拦这种创新，因为在他看来，有性繁殖在道德上是值得称赞的。无性生物面对着一个孤立无援的残酷世界。对于有性生物，一切都要更为温暖：[30]

> 对于有性存在者来说，世界不再是一个冷漠的、处处同质的他者……这个世界同样包含着一些非常特别的、相关的且值得赞赏的芸芸众生，它们同属一类但却性别有异，它们会出于特别的兴趣与炽情向同类施以援手。

我们不知道该如何严肃地对待这一路对有性繁殖的辩护。植物当然是有性生物。但有些植物也常常会抽生出匍匐茎（runner），以此实现无性繁殖。难道草莓比苹果更易遭受世界之痛（*Weltschmerz*）？

卡斯对无性是否值得尊重有更深的疑虑，他告诉我们，我们发现“无性繁殖只出现于最低级的生命形态，例如，细菌、藻类、真菌以及一些低等的无脊椎动物”。[31] 但他列出的名单是不完整的。我们已经提到，许多植物也可以无性繁殖。此外，我们经常可以在爬行动物那里观察到孤雌繁殖，这也是一种无性繁殖：雌性的卵子无需雄性受精便能发育。

撇开这些对无性繁殖之败坏的疑虑不谈，既然我们想探讨允许克隆人类是否明智，那么，细菌中普遍存在的无性繁殖就不承担任何道德重负。卡斯理所当然地希望培育人的欲望，以便他们出于“特别的兴趣与炽情”相互帮助。有些人这样做了，他们没要孩子；有些人找寻同性，他们领养孩子。对于卡斯赞赏的情感来说，有性繁殖既不是必须的，也不是充分的。许许多多的生殖出于意外，一些还不负责任。可以想见：两个女人彼此相爱，希望组建一个家庭。她俩希望在这个过程中扮演亲密的生物角色，所以，她们克隆了其中一人的胚胎，并将其植入另一人的子宫。如果卡斯牵挂的是保护一个丰富的联系能够在人与人之间健康发展的世界，那我们就需要更多的论证，这些论证要能表明无性繁殖会毁掉这一世界。只是乞援于人性或哺乳动物的天性难堪此任。

“人性”的危险

曾经，我们认为“人性”是一个没有问题的概念，一个从我们这一物种诸多普遍的、经演化而来的特征中挑选出来的不会出错的概念。现在我们看到，“人性”给我们带来了很多麻烦。认为所有经演化而来的特性都是普遍的这一想法大谬不然——这正是我们从多态演化研究中得来的教训。同样，认为普遍特性无法习得也是错误的——这是海斯有关模仿的研究教给我们的东西。我们注意到，一旦“人性”进入伦理讨论，一旦有关群体“天性”的思考能够强化种族和性别的陈词滥调，它便会引发混乱。各种科学若要理解相似性与差异性模式如何被引入我们这一物种的心理组成，它们就用不着“人性”概念。如果科学确实不需要“人性”，又如果这一概念一而再再而三地引起问题，那我们最好彻底避开这一概念。

扩展阅读

对人性概念最优秀的概述，可见：
Stephen Downes and Edouard Machery（eds），*Arguing About Human Nature：Contemporary Debates*（London：Routledge，2013）。

下面这本书有力地揭示了文化在人类发展过程中所发挥的作用。见：
Jesse J. Prinz，*Beyond Human Nature：How Culture and Experience Shape our Lives*（London：Allen Lane，2012）。

对人性强有力辩护可见：
Steven Pinker，*The Blank Slate：The Modern Denial of Human Nature*（London：Allen Lane，2002）。

关于文化在人类演化中所起到的作用，可参见这本入门级读物：
Peter J. Richerson and Robert Boyd，*Not by Genes Alone：How Culture Transformed Human Evolution*（Chicago：University of Chicago Press，2005）。

第八章

CHAPTER 8

自由消解了吗？

选择的神话

朴素的直觉并不总是与实际情况一致：对于站在地球上的观察者来说，地球并不是扁球状的，但它确实是扁的。鲸鱼不太像是哺乳动物——至少在外观上如此——但它们是哺乳动物。一些最具吸引力的科学发现与一些最引人注目的历史学、文学研究表明，宇宙及其居民的真实运行方式与我们质朴的期望相去甚远。即便如此，如若科学家在拆穿那些被广泛认可的神话的路上走得太远，我们也许就会感到吃惊。

对于如何最好地行动，我们似乎经常要面临选择，而且有意识的反思有助于我们最终确定采取何种行动。换句话说，我们好像常常有一种行动的自由。不久前，我买了一辆车，我花了不少的时间才做出选择。我听取了朋友们的建议、在网上查来看去、掂量自己的预算、与妻子商量，还带着女儿去试驾。整个过程颇费心力，但我觉得，我买下来的那部车（且不论好坏）是适合我们的。一旦知道我有意识的审思地做出选择的强烈印象实际上是错的，还有，我耐心的思考对于最终停在我房子外的那辆车毫无作用，我是会非常震惊的。然而，这类事情正是科学家们近些年来迫不及待地想告诉我们的。

且举一例：2008 年的《自然·神经科学》（*Nature Neuroscience*）上有一篇被广为引用的论文，其中，约翰-迪伦·海恩斯（John-Dylan Haynes）和他的同事亮出证据，说我们的“自由的主观体验只不过是错觉”。[1] 许多人赞同这一结论。更确切地说，他们似乎已经认可了该观点。主张和否认自由意志都是一件棘手的事情。无神论者、科学作家山姆·哈里斯（Sam Harris）借科学之势声称：“自由意志是一种错觉……我们并没有我们以为的自由。”[2] 那么，我们根本就没有自由意志，或它只是不像我们大多数人认为的那样？神经科学家帕特里克·哈格德（Patrick Haggard）告诉《每日电讯报》的读者：“我们当然不会有自由意志……不会在我们设想的那种意义上有自由意志。”[3] 但话说回来，在何种更合乎情理的意义上我们有自由意志呢？

另一位杰出的神经科学家迈克尔·加扎尼加（Michael Gazzaniga）告诉我们：“神经科学表明，自由意志这一概念没有意义，就像约翰·洛克在 17 世纪所说的……是时候抛开自由意志的想法继续前行了。”[4] 假使自由意志这一概念确实没有意义，否认它也就没有什么意思，更谈不上断言我们有自由意志。那么，科学研究是否真正危害到这一观念，即我们有意识的审思对我们最终做了什么常常是有影响？

著名科学家对自由意志的这些非难动用了两路截然不同的攻击，值得我们分别加以评判。首先是一种非常普遍的怀疑主义，它不援引任何新的科学证据，而是立足于数百年来的古老担忧。我们可以称之为因果关系（causal nexus）论证。人的身体与心智若是宇宙因果秩序的一部分，那么，我们似乎在很大程度上仅仅是因果作用链条的通路，而这种作用起源于何时何地对于我们来说相当的外在和陌生。人类可能会带来犯罪、战争、排放温室气体，但人类从来都不是这些行为的发起者，就像雪崩不是雪崩灾害的发起者。雪崩本身仅仅是早先的降雪以及各种触发条件的一个结果，类似地，人类行为只是过去的那些碰巧产生这些行为的社会、神经和遗传条件的结果。

似乎只有英勇无畏地否认人类是自然的一部分才能为人类恢复自由意志——也就是说，我们要恢复一个正当的信念：我们不仅仅是被动的能量之流的管道系统，我们还掌控事物的发展结果。加扎尼加对自由意志的怀疑在很大程度上基于这类考虑。他认为，自由意志的捍卫者必须找到一种方法，来论证人类并不在事物的因果—机械秩序之列，而且我们还以某种方式免于那些通常用来刻画物质对象行为的推推拉拉。毫不奇怪，他可不想干这份苦差事。毕竟，神经科学的成功建立在这一假设之上：我们的行动取决于大脑的配置情况；大脑的状态和其他自然系统的状态一样，受到在先的世界的内外状态的因果作用。

对自由意志的第二路科学进攻与之不同。其着眼点不仅更明确，而且出现得也较为晚近。它有赖于一般性的概念论证，并借助了特定的实验结果。在这个意义上，它比因果关系论证更富建设性地用到了新颖的科学资料。我们可以称之为延迟论证（argument from tardiness），稍后来解释为什么这么称呼它。

海恩斯（就是我在本章开头提到的那位）和他的团队在其 2008 年的论文中称，利用脑扫描仪取得的信息，在个体做出有意识的选择行动之前的 10 秒钟，他们就可以预测出个体将做出何种行动。[5] 他们的实验改进并拓展了本杰明·利贝特（Benjamin Libet）引人注目的开创性工作，后者的研究表示，决定行动是某种无意识的大脑过程的“冒泡”（如利贝特所说的那样），因此，在行动开始之后，对决定行动的有意识的自觉才出现。[6]

通常认为，利贝特和海恩斯的实验结果揭示了自由意志的虚幻性。如果我们大脑中的某种东西启动了一个特定的行动，只是到了后来，我们才有了有意识地选择该行动的印象，那么，我们有意识的决定似乎在很大程度上并不能真正影响到我们最终的行为。好比某人在街上意外跌倒，尔后产生了他一直在打算表演闹剧的荒诞印象，对于我们已然不可挽回地达成的路径，我们有意识的意向无法做出回溯性的记录。

因果关系论证

世界各地的哲学生对因果关系论证并不陌生。它的魅力来自一个显而易见的困境："意志自由"似乎涉及某种形式的控制，使得我们可以基于自己的意愿来掌控我们的行为。有什么理由认为我们有这种控制力呢？我们的行为要么被一系列早先的、大脑内内外外的事件因果地决定，要么不是这样。假使我们的行为并不为早先的一系列事件所决定，那么对于控制来说，这是一个坏消息。毕竟，我们不希望我们的行为是某种令人完全措手不及的自发射精。

控制似乎是这种概念：最好从审思等方面对最终行为的因果作用加以理解。但是，如果我们的行为是由早先的一系列事件所决定的，那么我们似乎没有任何余地干预事情的发展方向。由于之前的一系列事件，我们后面的行动已经被决定了。颇有建树的演化生物学家杰瑞·科恩（Jerry Coyne）根据这一论证对自由表达了怀疑：[7]

> ……假使你的生命，以及宇宙方方面面的设定能像倒带那样退回到你做出选择的时刻，那么，自由意志意味着你可以另做选择……尽管我们实际上无法倒带，但这种自由意志被物理定律直接干脆地

排除了。

尽管我的印象恰恰相反，但在我买下我的福特之际，我确实没有自由去买辆大众。我甚至没有自由去买一辆同一型号而内饰不同的福特：将宇宙重置到我出生的1974年，按下播放按钮，一模一样的福特将于2011年2月出现在我家门口。

一个充满偶然的世界

不难理解，有人可能会抱怨说，反对自由意志的各种论证有赖于过时的科学。量子物理学告诉我们，宇宙到处充满了偶然。物理学家和哲学家说，它是非决定的（indeterministic）。在一个决定的（deterministic）宇宙中，自然规律会定格某一时刻所有事物的完整快照，从而决定该宇宙未来的每一状态。在决定的宇宙中，大爆炸之前的事件结构与该宇宙随后的演化路径是相容的。在一个非决定的宇宙中，万事万物更加地无拘无束。量子物理学宣称，假使我们用能量轰击不稳定的放射性原子核，那么，虽然该原子核很可能在不久的将来会发生衰变，发射出 α 粒子(这种粒子由两个质子和两个中子构成)，但是，我们的行为并不能保证 α 发射会在何时发生，甚至我们也不能保证它一定会发生。在一个非决定的宇宙中，某一时刻事物的完整快照会与以许多不同方式演化的宇宙相容。如果我们的宇宙确实是非决定的，那么，乍一看，我们可以无数次地倒转科恩的磁带，并且我们会发现，不同的车停我的车位上。

对自由意志问题的这一回应再次将我们带回到控制问题。现在，不妨认为我们的宇宙就是非决定的。为了论证起见，我们甚至可以同意下面这个更富争议的主张：这种非决定论不仅仅表现在量子领域，它也“渗透于”寻常可见的事件。问题是，对于自由而言，这种非决定论会有何种意义呢?

看来，我们想从自由意志那里得到某种保障，以确保一切尽在我们的掌控之中。但这并不是非决定论给我们的东西。相反，非决定论暗示，就像一个处在激发态的原子核可能会或可能不会在五分钟后发生衰变，汽车买家也可能会或可能不会在接下来的五分钟购买一辆福特汽车。但非决定论并没有告诉我们，原子为其衰变负责，它也没有告诉我们，一个人对他是否买了福特汽车负责。非决定论给了我们一些理由，让我们以为，对于一个审思的个体，会有若干可供选择的未来对其开放，就像有几种可供选择的未来在等着那个处在激发态的原子。[8] 说到底，是偶然而不是控制决定了未来的出现。

我们想要确保未来尽在我们的控制之中，但我们很难看到诉诸非决定论会有什么样的帮助。出于此，许多自由意志的评论者在接受非决定论时认为，自由提供不了什么东西。相反，当我们思索有关自由的实际问题时，要紧的是，后来发生的事件与早先发生的事件之间的因果关系是否对这一想法，即我们有意识的审思对事物的发展变化有影响，造成了麻烦。无论因果关系是非决定的（这仅仅增加了后续事件的概率），还是决定的（这种因果关系保证了后续事件一定会发生），它都无关紧要。

自然的自由

近些年来，哲学家倾向于认为，因果关系并未对自由提出真正的问题。显然，如果我们对“自由”或“自由意志”加以定义，把它们弄成某种本来就怪诞可怖、超自然的东西，或使其与人之为生物这一形象——即完全浸没于与其环境的因果互动当中的生物形象——不吻合，那么，因果关系便不再是一个问题。例如，如果我们有自由意志这一断言被理解为，我们的大脑里住着一个聪明的小人，他有能力自发地制定各种可以摆脱先在的因果作用的行动计划，并且他的决策决定了我们身体随后的行为，那么，自由意志当然是一种错觉。但是，丹尼尔·丹内特（Daniel Dennett）谨慎地建议我们要问一问，我们有什么理由认为唯有这种自由意志是我们“值得拥有的”？[9]

对于自由会涉及哪些东西，有一种不同的理解，这种理解将自由行动者（free agent）描绘成有着一套特殊能力的人。自由行动者能够恰如其分、灵活变通地回应他的周遭环境，不受物理阻碍或约束。自由行动者能够盘算并权衡各种理性考量，如果他的审思表明某个行动是合适的，他就会开始行动。我是自由的：如果我是那种足够复杂精妙的生物，能够处理有关汽车价格、燃油的经济性等信息；形成审美上偏好，并确定上述条件是否已经满足；检查内饰是否可以承受儿童猛烈的撞击；然后在没有恐吓、胁迫等等情况下执行购买计划。科学并不否认有这样的生物：相反，许多科学正在积极地确定不同的物种——灵长类动物、鸟类以及人类——在多大程度上能够做出可塑的反应，在多大程度上它们能够恰如其分地处理信息，以及出现这些复杂精妙的能力的根本原因。

你想知道的关于掘土蜂的一切

某些生物会对环境刺激做出严格的、惯例的反应，而另一些生物则对其困境的种种细节极其敏感，它们之间有着天壤之别。掘土蜂（Sphex）研究经常被用来说明这一点，迪恩·伍尔德里奇（Dean Wooldridge）于20世纪60年代对该研究做了描述，之后它出现在丹内特的一系列哲学著作中，从而引起了自由意志研究者的注意。

在产卵之前，掘土蜂会掘出一个地洞，并觅得一只蟋蟀。但她不会杀死这只蟋蟀，而是用她的毒刺将其麻痹掉，随后拖回自己的洞穴，安置在蜂卵的旁边。这些卵一经孵化，幼蜂便会吃到新鲜的蟋蟀肉。这一切听起来像是掘土蜂表现出的理智行为。但是，伍尔德里奇接着指出了它们的缺点：

掘土蜂照例把瘫痪的蟋蟀带至洞穴，放在洞口，

> 她自己先进入洞穴查看一切是否安好，然后会再次钻出来，将蟋蟀拖进去。如果在洞里做了初步检查之后，再次钻出来的掘土蜂发现蟋蟀移动了几英寸，她就又会将蟋蟀拖至洞口。然后再次进入洞穴查看一切是否正常。如果当掘土蜂在洞里的时候蟋蟀又被移动了几英寸，掘土蜂就再次将蟋蟀拖到洞口，然后重新进入洞穴做最后的检查。掘土蜂从不认为要把蟋蟀径直拖回洞里。有一回该过程竟重复了四十次，每一次的结果都一样。[10]

可怜的掘土蜂太死板了：对环境的简单操控表明，她只是在执行一种固化的行为模式，她从未考虑到，因为已经检查了洞穴，她应该直接将蟋蟀放入她的贮藏室。这则故事告诉我们，我们人类是灵活变通的。当我们行动时，我们会密切关注我们过去的行为、他人的行为以及周围的环境，我们会制定出一个妥当的、对所有这一切都敏感的行动方案。我们很难再对自由有什么要求，在这个意义上，自由不但是一个可敬的科学研究对象，它也是一项仅限于少数物种的演化成就。我们知道掘土蜂的困境，我们也知道，我们是自由的。自由，丹内特说，是逐步发展起来的。

关于掘土蜂的故事有一颇具讽刺意味的事情，它由弗莱德·凯泽（Fred Keijzer）的历史工作出色地揭示了出来。[11] 原来，比起自由意志民间研究的看法，掘土蜂的行为要更加多变、微妙，也更为明智。伍尔德里奇——丹内特的资料来源于他关于掘土蜂的行为描述——是一名在航空航天工业领域工作的工程师。他本人从未对昆虫有过研究。伍尔德里奇关于掘土蜂的故事似乎来自 1938 年版的《生命之科学》（*The Science of Life*），这是一本由大威尔斯（H. G. Wells）、赫胥黎和小威尔斯（G. P. Wells）撰写的普及生物学知识的科学读物。[12] 而他们采信的原始研究最早可以追溯到法国人法布尔（Jean-Henri Fabre）写于1879年的报告，后来这项研究扩展成《狩猎蜂》（*The Hunting Wasps*）一书并以英文出版。[13]

法布尔确有报告，将蟋蟀从掘土蜂的洞口移开几英寸，便会看到返回地面的掘土蜂重新将蟋蟀拖回洞口。他的恶作剧重复进行了四十次，但“她从未改变策略”。这让法布尔感到了不安：

> 我自问道：“昆虫是不是服从某种致命的倾向，在任何情况下都无法改变？难道它们的行为仅仅是在执行规则，难道它们没有能力为自己积累哪怕一丁点的经验？”……好运将我带到了另一处掘土蜂的聚居点，离我发现的第一处聚居点并不太远。我重新开始我的尝试。两三次实验之后，我又得到了我以前经常得到的结果：掘土蜂跨在蟋蟀的身上，用

> 触角和下颚攫住蟋蟀，一下子就把它拖进洞里……
>
> 在另一些地洞，她的邻居同样如此，她们会或早或晚地识破我的把戏，直接将猎物带回居所，而不是固执地将蟋蟀扔在洞口，随后才把它抓进去。[14]

法布尔很快就发现，不同聚居点的掘土蜂的行为存在着差异：这些掘土蜂并不注定都要重演相同的行为。

一项较为晚近的关于大掘土蜂（*Sphex ichneumoneus*）的研究由简·布罗克曼（Jane Brockmann）于1985年发表。[15] 她发现，个别掘土蜂的行为会发生变化，它们有可能很快打破这种循环，直接将树螽（蟋蟀的近亲）拖回地洞。她还认为，掘土蜂对被挪动的树螽的重新定位实际上有好处：如果树螽的头不是朝向地洞，那么，当掘土蜂试图拖它进洞时很可能会卡在洞里。掘土蜂需要重新进入地洞，掉个头再出来，因为她需要用触角将树螽拖回洞里。因此，毫不奇怪，每当实验者重新摆置树螽之后，掘土蜂首先要将它拖放在洞口，然后返回地洞，掉个头再钻出来。

布罗克曼认为，掘土蜂的行为是可变的，它们随机应变，有很强的适应性，而且，一般说来，它们的行为要比哲学神话让我们所相信的更为明智。凯泽言简意赅地评论道，虽然我们还不清楚，在何种程度上掘土蜂注定要重复无休止的行为循环，但有一点似乎很清楚：我们哲学家曾无休止地重复掘土蜂故事的简化版，却没有对其复杂性和起源给予应有的重视。[16]

兼容论

有关掘土蜂的种种事实表明，我们不应草率地假定昆虫是死板的，而我们是可塑的。有时，人类太快地适应了其行为习惯：他们炮制出种种有关掘土蜂行为的陈年故事，丝毫不顾及这些故事有多么离谱。而有时，在将蟋蟀抓入地洞的复杂流程中，掘土蜂却会表现出明智的策略。不过，这都无损于丹内特所讨论的自由意志的最重要的方面，反而加强了其论述。动物和人类的行为有多么灵活变通，这是我们关心的问题，而且对于科学探索来说，这一问题是开放的。要证明我们是不自由的，需要耐心的工作来表明，我们的选择对于环境细节是如何不敏感的。

比较认知领域里存在着大量试验，例如，我们会问，在何种程度上，猿类不仅能注意到其他猿类的行为，也能注意到它们的心智状态。[17]这些辩论是现实的，它们迫使研究人员在设计实验时要极具创造力。在丹内特看来，我是注定要买福特的——无非通过科学研究揭示出，我在买车时受制于一种对福特汽车公司非理性的热爱，以至于没有任何不利信息可以动摇我的决定，或我对其他汽车厂商怀有一种不可告人的恐惧。事实上，心理学研究确实常常能够表明，人类很容易忽视与其决定相关的某类信息，从而高估了其思维过程的微妙之处。[18]

这种工作将我们的注意力拉回到那些更为刻板，而更少变通的行事方式上。但是，仅仅知道我们的行为的原因，还不能让我们知道我们是缺乏自由的：因为灵活变通和恰切的应对能力需要在复杂的因果机制中得到例示。相反，只有当我们发现，我们的行为是以某种特别严苛的方式引起的，我们的自由才受到损害。只有我们对环境或证据方面的改变无动于衷时，我们恰当回应他人和环境的能力才被削弱。即便这样，自由也只是在程度上受到损害。也就是说，按照这种观点，自由和因果关系是兼容的。

许多评论人士对自由意志问题的这一"兼容论式"的回应不以为然。一些批评者告诉我们，虽然爱捣乱的哲学家可以认为，自由的个体是这样一种有机体，其复杂的因果能力给与它一种对周遭环境不受约束的敏感性，但当大多数人试图决定他们是否自由时，这并不是他们的所思所想。我们被告知，大多数人所认为的自由密切联系于那种相当奇怪、在科学上无法容忍的想法：人的行为独立于先在的因果作用。所以，山姆·哈里斯对兼容论不予考虑，他认为，兼容论解决了一个没有人（学院哲学家除外）在乎的问题，独独留下一个悬而未决的紧迫问题继续困扰着普通人。

这有助于解释为什么在最近几年里有关自由意志的讨论常常转向一种心理学式的发问：当大街上的人声称他们有自由意志时，他们是什么意思？我们有理由警惕这种对讨论的扭曲。意志之自由的问题向来有点难以把捉。这理应使我们对那些探询“大多数人”所理解的自由是什么的研究加以怀疑。我们也许可以说服对这些问题持有意见的人，但是，许多人就这些问题所做的思考不可能形成某种深思熟虑的观点。通常，调查数据总是让人将信将疑，特别是当人们被要求对这些复杂问题给出简单答复的时候。你要是拦住街上的行人，问他们愿意花多少钱在一年内免得肠癌，他们经常会给你一个答案。但这并不意味着，他们曾经就得了这种病的生活会是什么样有太多的思考，也不是说，他们知道如何将其换算成金钱。[19]

回到自由意志，一些哲学家声称，人类是“天生的非兼容论者”（natural incompatibilists）。他们说，人类天生倾向于认为，如果我们的行为被先在的原因所决定，那么，这些行为就不是自由的。[20] 其更进一步的含意是，我们需要大量也许是捏造的，几乎肯定是难以令人信服的哲学论证才能让人们摆脱这一常识上的看法。但“非兼容论”本身就是一系列相当技术性的看法的总名。它是对以下这两路主张之兼容性的否认：首先，我们自由地行动；其次，宇宙定律规定了它历时演化的唯一路径。很难想象谁会“凭借天性”得到有关非兼容论的看法。

让我们先把这些告诫放在一边。关于大多数人所理解的“自由意志”是什么是一个经验问题：我们不能假设，我们在没有对真实人群进行调查的情况下就知道了问题的答案。埃迪·纳米亚斯（Eddy Nahmias）和他的同事就做了一些调查，试图回答这个问题。对于那些认为兼容论是某种怪胎（只有与哲学有染的人才会采取这一人工立场）的人来说，他们得到的结论似乎是一个坏消息。[21]

例如，纳米亚斯及其合作者让被试人想象一台能够准确预测未来的超级计算机，它可以在一个人（他们管他叫杰里米）出生前的20年就告诉我们，杰里米会于何年何月抢劫银行。如果计算机可以早早作出预测，那么，杰里米似乎必定生活在一个决定的宇宙。他们接着问这些人，"你是否认为，当杰里米抢银行时，他的行为出于其自由意志？"76%的参与者说是的，他抢劫银行是出于他的自由意志。另有67%的人认为，杰里米原本可以选择不去抢银行，尽管他的行为是可预测的。因此，似乎只有少数人认为，决定论会妨碍自由。

我们当然可以质疑这项调查。例如，我们是否肯定，纳米亚斯的受访者真的相信杰里米的宇宙是被决定的？换句话说，他们是否相信，该超级计算机可以通过计算提前20年就作出预测？或者，他们只是认为这台超级计算机有着神奇的能力，能够直接窥见一个非决定的宇宙的未来？[22]纳米亚斯的工作还远远没有定论，但是，一旦辩论的场域转向这一主张，即在讨论"自由意志"时，大多数人的意思并不是兼容论者所能保障的那种自由，其工作就还能带来一些贡献。诚然，这项调查确实没有告诉我们，兼容论者的观点是否妥当。现在，我们必须转入这一问题。

你本可以不这样做？

我们可否有意义地认为，尽管杰里米的行为是种种决定式的定律的一个后果，但他可以不这么做呢？许多评论家觉得这只是兼容论者的狡辩。决定论告诉我们，未来是过去的必然结果。如果我们的所作所为无可避免，那么我们就不能做出别的行为。如果我们不能另有作为，那我们就不是自由的。哲学家必须使出哈里斯轻蔑地称之为"神学"的招数——因为这一招对矛盾与荒诞给出了光鲜亮丽而又专业的辩护——来论证，决定论并不妨碍自由。

兼容论神学始于常识：我买了辆福特，可我也喜欢大众，但我并没有买一辆，因为它比福特贵得多。难道我可以不这样做？难道我可以买一辆大众？我是有足够的钱买大众：妨碍我买大众的原因是，我觉得把钱花在别的地方更为明智。如果我不太在意偿还房贷，支付托儿所的费用，而是更加钟意德国的工程技术，那么我就可以买辆大众。换句话说，我确实可以买辆大众，我可以有不同的优先项。决定论一点儿也没威胁到这一说法，它至多威胁到这样一个主张：若再多些力道，飞矢就可以飞得更远一点。

"但是"，怀疑论者说，"这只是换了个话题。自由之人不是说，一个人本可以不这样做，从而让事情起了点变化。自由之人是指，即便事情毫无变化，他也本可以不这样做。决定论告诉我们，对于某一时刻完全明确的宇宙状态，将会有一个独一无二的未来演化进程。决定论与自由意志不相兼容，因为它与‘人们本可以不这样做’这一说法相抵牾。”我们已经看到，科恩在攻击自由意志时借助了这种推理：

> 我认为，我诠释自由意志的方式和大多数人一样：在你不得不从众多选择方案中选出一个时，如果你本可以不这么选，那么你就拥有自由意志。严格说来，假使你的生命，以及宇宙方方面面的设定能像倒带那样退回到你做出选择的时刻，那么，自由意志意味着你可以另做选择。[23]

我说过，在接受任何这类“我”对自由意志的诠释和“大多数人”的看法大致相同的主张之前，我们应该稍事停留。科恩认为，在大多数人看来，自由意志被决定论不可避免地排除掉了，但是，如前所见，存在着一些实验证据，它们并不利于大多数人如何看待事物这一主张。不妨假设科恩和人们的意见一致，但他们对此事的看法明智吗？

决定论丝毫没有触及这一想法，即人类是一种了不起的生物，他会考虑证据，权衡理由并为行动制定计划。上述能力对当地环境的各种精微细节是敏感的，换句话说，如果环境输入改变了，那么深思熟虑之后的结果也就会有所不同。这就使我们意识到重要的一点：在这个意义上，决定论并没有限制我们的行为。无论从何处开始，受限过程往往会抵达同一终点。例如，无论在杯口的哪个地方放开钢珠，它都会滚到茶杯的底部。就此而论，钢珠滚落到杯底是不可避免的。但是，我们的行为在如下意义上是不受限制的：事情的最终结果极为微妙地取决于它们如何开始。不尽如此，这些依赖关系往往是合理的：我们最终的行为取决于证据的指向。如果证据指向别处，我们便会采取不同的行为。所有这一切同自由的形式有关，全都与决定论相容。我们为什么还应需要更多的东西这并不清楚。

延迟论证

如前所述，最近，科学家的那些有损自由意志的努力引发了一系列非常普遍，同时也是非常古老的担忧，这些担忧事关自由与因果之间的关系。有一系列更为新颖的反自由意志的考虑承袭了神经科学中的实验传统，它似乎表明，有意识的审思对我们最终的行为没有任何显著的影响。下雨前，气压计也许会下降。但气压计的下降并不会带来降雨。相反，气压计的下降和降雨均为大气压降低的效应。类似地，我们有意识的决定也许先于我们的行动，但这些决定并没有让我们如此行动。相反，我们有意识的决定和行动同是我们大脑中事先就有的一系列原因所产生的效应。故事大致就是这样。

这些说法基于这样一类实验：它们的目标是探讨所谓“自发”决定的时间序列；也就是说，决定做某事无非是一种幻想，并没有什么特别的理由。在本杰明·利贝特早期经典实验中，他要求被试人在他们想要挠手腕的时候动一动他们的手腕。[24]显而易见，我们大多数的决定在这个意义上并不是自发的。通常情况下，我挠动手腕并不是因为我莫名其妙地有了一种冲动，它告诉我，我应该动我的手腕。相反，我挠动手腕是因为我要敲门、我想拍打某人的肩膀等等。这些动手腕的决定是有充分理由的。它们由一扇关着的大门，或某人的背身引起。

心理学家业已发现，在自发自愿的手腕挠动动作发生之前，神经活动有所增强，这种现象被称为“准备电位”（Readiness Potential），简称 RP。我们可以利用脑电图（EEG）技术测量 RP 的出现。在利贝特的实验中，他让被试人在感受到挠腕冲动时就弯动他们的手腕，并忽视其他任何外部刺激。然后，他记录下三个事件的时刻。首先，他需要记录被试人感到挠手腕这一有意识的冲动的时刻。他是这么做的：让被试人盯着一个有着旋转光点的计时器，并要求他们在有了动手腕冲动的时刻记下旋转光点的位置。其次，他利用脑电图记下 RP 出现的时间。利贝特将这一时刻理解为大脑发起挠动动作的时刻。第三，他记录了挠动手腕这一动作的时间。

利贝特的发现也许让人感到惊讶。他发现，RP 在挠动手腕这一动作约 550 毫秒（大约半秒）之前就已出现。他还发现，RP 的出现早于被试报告感到动手腕冲动，时间约为 350 毫秒。换句话说，RP 先出现，然后是有意识的挠手腕冲动，最后才是手腕的运动。这意味着，若有人时刻监测 RP，那么，在一个人挠动他的手腕之前，甚至在他觉得他要这样做之前，这位观察者就能做出预测。这让许多评论家认为，人的有意识的决定来得太迟了，它不是我们动手腕的原因。

利贝特实验非常迷人，它催生了大量的文献，而这些文献又提供了形形色色的阐释。[25] 我们不妨把利贝特给出的时间序列接受下来：先是神经活动的增强，然后被试人感受到冲动，最后是手腕挠动。我们也不妨承认，神经活动的增强是挠动手腕的一个相当不错的预测指标。但这是否可以得出，挠动冲动不是挠动的原因呢？在我看来，事实并非如此。

考虑以下事件序列：首先，发令员枪响，“砰！”；接着，博尔特感到一种冲动，他要加速冲出起跑线；最后，博尔特开始奔跑。尽管在博尔特本人形成冲动之前会有一小段空当，但是，一旦枪响，我们就能非常可靠地预测，博尔特将加速起跑。发令员鸣枪发生于博尔特的冲动之前，但这并不意味着，博尔特的冲动无所影响。他跑是因为他感觉到了那种冲动。而他感觉到那种冲动，是因为他听到了枪响。冲动的来临滞后于枪响，但那只是因为枪响传到他耳朵需要时间，而且他也需要时间作出反应。

博尔特一例和利贝特实验有什么关系呢？博尔特的加速奔跑并不是“自发”行为。博尔特不加速只是因为他不想加速；而他加速了，是因为他听到了枪响。另一方面，“自发”行为应该完全来自内部：它们不是由外界刺激引起的。现在，如果你被要求在忽视外界刺激的情况下，仅仅当你感到挠动冲动的时候挠动你的手腕，那么，你很有可能根本就感受不到那种冲动，而且你的手腕也将无动于衷。[26] 但是，被试人得在实验中的某一时刻挠动他们的手腕——否则，利贝特就得不到任何实验数据。

如果被试人担心他们并不是出于自发的冲动来动手腕，那么，他们如何确保他们遵守了实验的要求了呢？这里有一个解决办法：把你大脑中某种杂乱的行为当作一种信号——“砰”，它决定了当你听到这一声“砰”时，你会挠动你的手腕。假使这就是利贝特实验中所发生的一切，那么 RP 或许可以看作某种内部信号，类似“砰”的一声枪响，它引发了挠动冲动，接着，该冲动导致手腕挠动。我们并不会惊讶于发令员的枪响早于博尔特的加速冲动，所以，我们也不必对 RP 早于挠动冲动感到惊讶。

这种猜测听起来很可疑，像是扶手椅神经科学。它能得到证据的支持吗？首先，最近一项详细的神经科学工作表明，RP 的性质可能被误解了。科学家们往往认为，RP 作为一种神经活动的指标，类似于一项行动计划：例如，RP 标示了一种无意识的决定，决定某人要挠动手腕。新的实验给这种解释带来了麻烦。新西兰的一组研究团队让被试人静静地等待着，等到他们听见提示音之后，再来决定是否要敲击键盘。该研究小组推断，如果确如利贝特认为的，RP 标示了即将发生的行为，那么，他们应该可以在人们决定要敲击键盘时——而不是在人们不打算这么做时——检测到 RP。结果，无论被试人做了什么样的选择，他们均检测到了 RP。[27] 所以说，RP 似乎并不是一种采取行动的无意识的决定。

其次，在亚伦·舒尔格及其合作者的新近研究中，他们就 RP 是如何产生的给出了一个详尽细致的说明，该说明与 RP 是一种内部的“砰！”这一想法不谋而合。[28] 一般说来，我们基于证据的积累作出决定。一旦有大量合适的证据指向某个行动过程，我们便会开展这一行动。正如我们所看到的，利贝特实验中的被试人被要求做出一种特定的动作，即当他们感到挠手腕的冲动时挠动他们的手腕，但事实上，并没有相关的证据来源能告诉他们，何时是做出挠动动作的最佳时机。我们大多数的决定并不是这样的。博尔特听到枪响才会起跑，他不是想跑就跑。心血来潮的决定通常也是由恰当的理由和机会引起的。即使我“一时间想买”一份冰淇淋，我的购买行为实际上也是有原因的：天气太过炎热，我想在工作间隙放放风，而旁边碰巧有一家卖冰淇淋的小摊。总之，人们在利贝特实验中接到的任务极不寻常。

舒尔格及其同事表示，当这种虚假的任务摆在面前的时候，我们只是让我们的“生理噪声”（physiological noise）去决定是否要采取行动。在没有任何可以引发挠手腕的合理提示的情况下，神经元的随机背景起伏将有可能触发这一动作。更具体地说，直到背景“噪声”碰巧超过某个阈值，我们才开始动作。根据这一观点，RP 并不标示一种无意识的计划：它只是记录了神经噪声偶尔出现的峰值，而利贝特实验中的被试人需要将其作为提示来做出挠腕动作。

试想博尔特打算为慕名而来的人们展示一下他的速度，起跑线上只有他一个人。我们告诉他，没有发令员，他什么时候想起跑就可以起跑。有了这些说明，他若在人群的背景噪声碰巧比平时稍大一点儿的时候起跑，我们就不应该感到惊讶。这并不意味着，背景扰动是某种形式的计划，即便它确实促成了他的起跑。此外，背景噪声的增强和博尔特的起跑冲动之间的时间延迟并不意味着，他的起跑冲动不是他跑动的原因。再说一遍，他跑因为他有起跑冲动，而他有起跑冲动，是因为人群中的噪声变大了一些。同样，利贝特发现 RP 的出现早于被试有意识的挠腕冲动这一事实，并不意味着，这些有意识的冲动对随后的挠腕动作没有效力。

利贝特实验可以利用 RP 在不到一秒钟的时间里作出预测，而 2008 的那项研究（本章开头提到的那项）以同样的思路在更长的时间范围内给出了预测。海恩斯及其同事要求被试人选择两个按钮中一个按下（其中一个按钮位于左边，另一个在右边，除此之外它们毫无差别），并用功能性磁共振成像（fMRI）监测他们的大脑活动：[29]

> 我们发现，无论被试人打算选择左边的按钮还是右边的按钮，两块被高精度编码的脑区均先于有意识的决定作出了响应……预测性的神经信息……在有意识的运动决定（指被试选择某一按钮按下——译者按）出现前的10秒钟就已出现。

这意味着什么？

我们不应夸大编码的"高精度"：无论被试人选择右边的按钮还是左边的按钮，实验者只有60%的概率能够作出成功的预测，这意味着，他们给出的40%的预测都是错误的。更重要的是，有各种各样的理由可以解释，当我们做决定时，大脑数据为什么会给与我们一点点预测能力。对此，阿尔·迈乐（Al Mele）认为，人们或许有轻微的潜意识偏好——他们更偏爱右侧的按钮。[30] 如果海恩斯实验中的大脑扫描可以呈现出这些偏好，我们就可以利用它们来预测人们会选择哪一个按钮。

假使我们确实是因果关系中的一环，那么，我们大脑早先的状态就必然有助于预测我们的行为。行动需要时间，并受到早先的认知过程的影响。随着神经科学的进步，我们将不可避免地找到那些"编码"（encode）了我们未来行为的脑扫描图区。但是，这类数据不足以证明我们有意识的决定没有效力，同样的道理，我们根据枪响预测博尔特闪电般的起跑这一能力不能告诉我们，博尔特本人对其行为没有控制力。迄今为止，神经科学还没有表明自由是一种错觉。

扩展阅读

有关自由意志的经典文献可以参阅：
Gary Watson（ed.），*Free Will*（2nd edn）（Oxford：Oxford University Press，2003）。

丹内特为兼容论给出了强有力而不失趣味的辩护。见：
Daniel Dennett，*Elbow Room：The Varieties of Free Will Worth Wanting*（Cambridge，MA：MIT Press，1984）。

本章的标题取自丹内特新近有关兼容论的议论，他那本书里头也有关于利贝特实验的细致讨论。见：
Daniel Dennett，*Freedom Evolves*（London：Allen Lane，2003）。

以下两本书是关于自由意志的重要哲学著作，它们密切关注了相关的科学研究：
Alfred R. Mele，*Effective Intentions：The Power of Conscious Will*（New York：Oxford University Press，2009）；
Robert Kane，*The Significance of Free Will*（New York：Oxford University Press，1996）。

结语

EPILOGUE

科学的领地

科学帝国主义

科学教给我们空间的本质和微生物的社会行为。科学阐明了水的分子结构以及人类决策的神经基础。科学帝国到底可以扩张多远？科学最终可否告诉我们一切所要知道的东西？

可以说，此类问题引发了我们在本书前两章提出的那些棘手的划界难题。潜心研究历史档案可以帮助我们更好地理解战争的起因、不同时代不同人群的生活、民主制度的运作和政治权力的行使等等。历史这类学科虽然通常不被认为是科学，但它也不断地揭示出重要的知识片段。

有人可能会回应道，这些知识片段不可避免地受限于特定的时间和地点。人文学也许可以阐明第一次世界大战的起因，或马丁·路德的宗教改革在德语地区的影响，但是，只有系统性的科学考察——或许是演化式的，或许是心理学式的——才能在总体上告诉我们有关战争或宗教的知识。

这种回应并不能将科学拔擢于那些可以提供地方性洞见的学科之上，因为本地化的程度不一，而且，许多科学同样也会提供本地化的洞见。演化研究并不在整体上探索宇宙，但它可以揭示灵长类物种之间的谱系关系的特定模式，或抹香鲸的大鼻子如何工作。这类学说受限于特定的物种或种群，受限于特定的时间和地点。

地方性知识也有其重要价值。以下看法可能是错误的：由于一门学科能够告诉我们一般模式，它就必定比那种处理特异性（specificity）的学科更加有用。当我们来考察那些对成问题的情形的实际反应时，这一点就变得尤为清楚。也许，最有名的可以证明地方性知识之价值的个案研究是社会学家布莱恩・怀恩（Brian Wynne）的一项研究，在这项研究中，怀恩调查研究了英格兰北部地区养羊户，以及他们在乌克兰切尔诺贝利于 1986 年 4 月发生爆炸后的艰难处境。[1]

地方性知识

1986 年 6 月，在英国的高地地区检测到放射性铯之后，政府出台了一项禁令，禁止坎布里亚郡（Cumbria）的部分地区运输和宰杀羔羊。在坎布里亚郡的一小片区域，这项禁令持续的时间远远超过了三周，比一开始由政府科学家提议的时间长得多。值得注意的是，直到 2012 年，也就是核反应堆爆炸后的第 26 年，各项限制才被完全解除。[2] 为什么科学家所估计的坎布里亚地区放射性铯的消散时间如此的不准确？怀恩指责说，部分原因是因为这些科学家忽视了当地农户宝贵的地方性知识。

政府科学家的第一个错误是，就铯元素在高地环境中的表现采纳了一系列不恰当的假设。他们认为，铯元素很快就会沉降在土壤中，无法重新进入羔羊的身体。不幸的是，事实表明，这些假设对于碱性粘土是成立的，但对于坎布里亚高地的酸性泥炭土并不成立。在这种环境里，铯元素可以不断地循环：从植物进入羔羊的身体，又从羔羊的粪便进入土壤，再从土壤进入植物，最后通过植物返回下一代羔羊的身体。

于是，科学家们有了这样一个想法：将一种称之为膨润土的粘土掺入到当地的土壤，希望借此吸收并固化放射性铯元素。对此，他们做了实验来确定这一想法是否奏效，以及如其可行，需要多大量的膨润土。实验者将羊群圈养在围栏里，再向不同围栏里的土壤掺入不同量的膨润土（当然，其中一些围栏根本就不含膨润土）。农户意识到，这些实验是行不通的，因为他们的羊通常并没有圈养在围栏里。它们平常是在没有围栏的荒原上四处游荡。如果把羊圈在围栏里，它们很快就会掉膘，而且实验结果也将因羊群健康状况的下降而受到损害。

怀恩补充道，农户同样被科学家的另一项建议给惊到了，科学家建议他们多在山谷放牧，因为那里的铯浓度要低得多。这项建议也忽视了农户们的知识，山谷地区的牧草供应量极为有限。一位接受怀恩采访的农户告诉他，如果长期在山谷牧羊，山谷将“很快退化成荒漠”。事实证明，在坎布里亚地区，政府科学家并不享有对有益知识的垄断。

科学的完整性

许多事实是有价值的，但我们通常所认为的自然科学并未对其有所涉及。这一点并不神秘：像怀恩的这类细致的个案研究清楚地表明，有关坎布里亚的农事是如何组织安排的事实——农户们充分知道这些事实——与该地区的放射性沉降物应该如何处理等问题息息相关。即便如此，没有什么可以阻止另外一些科学家——比方说，社会科学家——对坎布里亚养羊业的运营有细致的了解。难道我们有理由认为，存在一些重要的但任何科学永远都无法获得的理解形式？

我们将过去五十年里最知名的哲学思想实验归功于澳大利亚哲学家弗兰克·杰克逊（Frank Jackson），该思想实验似乎得到这么一个结论：存在着一些科学探索永远无法获得的真理。[3] 杰克逊让我们来想象一个叫玛丽的女人。她是一位出色的科学家，其一生都在研究颜色与色觉。她知道有关物体表面性质的一切，知道物体如何反射光线，也知道所有关于眼睛解剖结构的知识以及大脑如何处理视觉信息。总之，她知道所有关于颜色和颜色感知的科学事实。但玛丽的一生都是在一间黑白色的屋子里度过的，在那里，她学习这一科学的种种知识。

她穿着黑白色的衣服（戴着黑白色的手套），见不到任何窗户或镜子。有一天，她推开黑白屋的大门，第一次走到外面的世界。她碰到一个英国邮筒。“哦！”她说，“我从来都不知道看见红色是怎么回事，现在我知道了。”

杰克逊的想法是（或曾经是——因为他后来改变了他对这个故事的意义的看法），出门之后，玛丽学到了一些新东西。她知道了看见红色是怎么回事。一直待在屋子里的她知道所有有关红色，以及看见红色的物理事实。所以，如果她学到了某种新东西，那么，她一定学到了某种非物理的东西，学到了一个不包含在物理学中的事实。

值得指出的是，杰克逊的论证不仅能够反对这一大胆主张，即所有事实都是由物理学来处理的事实；而且也能够反对这一温和主张，即所有事实都是由某种科学来处理的事实。一些哲学家曾质疑这一想法：化学、生物学与心理学所揭示的事实在根本上都是物理事实。[4] 这些哲学家并不想说，玛丽在黑白屋里学到的东西在根本上是物理学。别忘了，我们的故事是说，玛丽花时间阅读有关视网膜生理学、色觉的演化等东西。这些都不是我们在物理课上学到的东西。即便玛丽被限制在无颜色的屋子里，即便她可以得到所有神经科学、演化论、生态学、发展心理学、人类学等领域的期刊文章和教科书，她也似乎只有遇见某个红色的物体之后才能知道看见红色是怎么回事。她离开屋子后所学到的东西似乎并不是任何一种科学事实。似乎可以推断有一些知识领域是科学够不着的。

对杰克逊论证最有说服力的回应被称为“能力”（ability）回应。玛丽离开她的黑白屋之后学到了以前她不知道的东西，这些东西不包含在任何她所知道的科学知识里头。她知道了看见红色是怎么回事。但若我们认为玛丽所学到的东西本身就是一种事实，那么，我们只能推断说，存在着一些非物理的事实（或非科学的事实）。

像哲学家戴维·刘易斯（David Lewis）、劳伦斯·尼米罗（Laurence Nemirow）以及休·梅勒这些能力回应的支持者认为，玛丽离开屋子后学到的是一项新技能，或者说是一种新能力。[5] 她平生第一次遇见了某个红色物体，一旦她遇见了她就有能力认出更多红色的东西、想象红色的东西，并回忆起她见到过的红色的东西。对邮筒的直接经验并未揭示出某一类特殊的、科学无法把握的事实。它反倒赋予了玛丽一项新的技能。

能力回应最出色的地方在于，对于玛丽带来的那个令人尴尬的问题，它给出了一个出色的回答。假使玛丽在离开黑白屋之后应该学到某个新事实——就算这一事实不是科学事实——该事实为什么不是她本该在书本上学到的事实呢？有人可能会说，有一些非科学的事实是难以表达的，这意味着，它们无法用正常的方式表达出来。不过，这一回应似乎只是重申了我们的问题：为什么一个事实的非科学性意味着它不能被写下来？

对于玛丽身上发生了什么，能力回应给出了一个较为让人满意的分析。让我们变一变杰克逊的思想实验，设想某位叫布拉德利的人对自行车非常着迷。他阅读过所有有关自行车的书籍，知道所有有关环法自行车赛的历史，还完全理解并能解释自行车的工作原理。他甚至钻研文献，为如何在自行车比赛中击败他人提供战术指导。但是，布拉德利一辈子都被关在屋子里，他无法得到自行车。直到有一天，他离家出走，在路上发现了一辆全新的比赛用自行车。他试着骑上它，结果一下子就摔倒了。

显然，对于布拉德利无所不知的书本知识而言，还有一些重要的东西是他不知道的。但我们不应说他缺乏事实性知识；相反，他缺乏的是技能。他不知道如何骑自行车。技能是这样一种东西，不去实践就很难获得，这就是为什么布拉德利不能单单通过阅读大量的操作手册就学会骑自行车。同样的道理，能力回应的支持者说，玛丽有关颜色和颜色感知的渊博的理论知识不足以让她知道看见红色是怎么回事，因为看见红色是怎么回事是一项技能。这项技能的习得要求我们先得看到红色的物体，就像学习如何骑自行车得先有自行车一样。科学论文无法告诉我们看见红色是怎么回事，因为，一般说来，我们很难通过阅读科学文献获得技能。

如果我们接受了能力回应，那么，杰克逊的思想实验就无法表明存在着一些科学永远无法触及的事实。但能力回应充分说明，存在着一些宝贵的、科学无法把握的知识。我们必须承认，科学不会告诉我们看见红色是怎么回事。但是，我们可以超越这一基本洞见，更一般地主张：比起干巴巴的事实陈述，从事虚构作品的创作也许可以更有效地帮助我们了解罹患抑郁症是怎么回事、人们的生活方式被工业化撕裂是怎么回事等等。我们可以承认，虚构作品为我们提供了某种知识或理解，而它们常常不为那种在心理学或社会学著作中呈现出的东西所注意。但这并不意味着，虚构作品是在提醒我们注意科学无法把捉的事实。相反，它们赋予了我们一种获取和改进重要技能的方式。

当然，科学知识的产生同样依赖于实际技能。科学家必须学会如何设计实验、如何操作仪器，以及如何解释数据。尽管科学教给我们很多重要的东西，但它永远不会告诉我们所要知道的一切——如果我们想要了解我们的世界、想要好好地生活，想要做出明智的决定的话。重大研究的成功运用需要我们留意经常被科学忽视了的地方性知识。驾驭科学工作同样需要技能，特别是需要一种做出判断的能力，来判断研究中的哪些部分应该告知有权行使它们的人，以及这种信息传达该如何进行。最后，就我们的自我理解的科学研究而言，它的重要性并不会从科学期刊的文章中跃然而出；相反，当我们问这项工作对意志之自由、对我们的道德图景、对人性意味着什么的时候，我们需要作出小心谨慎的说明。什么是科学的意义？这不是一个科学本身能够回答的问题。

扩展阅读

关于地方性知识和科学知识可参阅:
Alan Irwin and Brian Wynne（eds）, *Misunderstanding Science? The Public Reconstruction of Science and Technology*（Cambridge：Cambridge University Press, 1996）。

关于诸种科学之间的关系，特别是，所有科学是否在根本上都是物理学这一问题，可参见：
John Dupré, *The Disorder of Things：Metaphysical Foundations of the Disunity of Science*（Cambridge，MA：Harvard University Press，1993）。

关于玛丽见：
Peter Ludlow，Yujin Nagasawa and Daniel Stoljar（eds），*There' s Something About Mary：Essays on Phenomenal Consciousness and Frank Jackson's Knowledge Argument*（Cambridge，MA：MIT Press, 2004）。

参考文献

前言　科学之奇妙

1. 这句话多被归于费曼，但并没有确切的证据表明他确实说过这句话。

2. 爱因斯坦的通信文字取自 Don Howard, 'Einstein's Philosophy of Science', Edward N. Zalta (ed.), *The Stanford Encyclopedia of Philosophy* (Summer 2010 Edition)。网址：http://plato.stanford.edu/archives/sum2010/entries/einstein-philscience/

3. 在我的剑桥同事张夏硕（Hasok Chang）的著作中这一重要主题得到了重视。

第一部分　"科学"意味着什么

第一章　科学如何运作

1.A. Rosenberg, *Economics: Mathematical Politics or Science of*

Diminishing Returns? (Chicago: University of Chicago Press, 1992).

2.M. Dembski and M. Ruse (eds), *Debating Design: From Darwin to DNA*, (Cambridge: Cambridge University Press, 2004); S. Sarkar, *Doubting Darwin?Creationist Designs on Evolution* (Oxford: Blackwell, 2007).

3. 例见 S. Singh and E. Ernst, *Trick or Treatment?Alternative Medicine on Trial* (London: Bantam Press, 2008)。

4. 我于 2014 年 5 月参加了纳菲尔德生物伦理委员会(Nuffield Council on Bioethics) 的一场辩论，会上有人以此支持顺势疗法药物。

5.K. Popper, *Unended Quest* (London: Routledge, 1992).

6.D. Gillies, ‘Lakatos, Popper, and Feyerabend: Some Personal Reminiscences’. 网址：http://www.ucl.ac.uk/silva/sts/staff/gillies/gillies_2011_lakatos_popper_feyerabend.pdf

7. 同上。

8.Medawar 以及 Bondi 的话转引自 B. Magee, *Popper* (London: Fontana, 1973), p. 9 。

9.D. Gillies, ‘Lakatos, Popper, and Feyerabend: Some Personal Reminiscences’. 网址：http://www.ucl.ac.uk/silva/sts/staff/gillies/gillies_2011_lakatos_popper_feyerabend.pdf

10.K. Popper, ‘Science: Conjectures and Refutations’in *Conjectures and Refutations* (London: Routledge, 1963), p. 44.

11. 同上，第 45 页。

12. 同上。

13. 该例取自《每日邮报》2014 年 8 月的星象预测。网址：http://www.dailymail.co.uk/home/you/article-1025205/This-weeks-horoscopes-Sally-Brompton.html

14.S. Freud, *The Standard Edition of the Complete Psychological Works*, Volume 4 (1900), p. 150. 哲学视角下对这一案例的进一步讨论可参见 A. Grünbaum, 'The Psychoanalytic Enterprise in Philosophical Perspective' in C. W. Savage (ed.), *Scientific Theories*, Minnesota Studies in Philosophy of Science, 14 (Minneapolis, MN: University of Minnesota, 1990), pp. 41-58 。

15. 同上，原文为斜体。

16. 下面这本书的第一章对归纳问题做了清晰流畅的介绍，见 P. Lipton, *Inference to the Best Explanation* (2nd edn) (London: Routledge, 2004)。

17.K. Popper, 'Science: Conjectures and Refutations' in *Conjectures and Refutations* (London: Routledge, 1963), p. 56.

18. 我根据费曼的讲座视频对其评论进行了改写，视频见：YouTube: http://youtu.be/EYPapE-3FRw

19.G. Brumfei, 'Particles Break Light-Speed Limit', *Nature*, 22 September 2011. 网址：http://www.nature.com/news/2011/110922/full/news.2011.554.html#update1

20.Rees 和 Weinberg 的评论被引于 J. Matson, 'Faster-Than-Light Neutrinos? Physics Luminaries Voice Doubts', *Scientific American*, 26 September 2011 。网址：http://www.scientificamerican.com/article/ftl- neutrinos/

21.F. Dyson, A. Eddington and C. Davidson, 'A Determination of the Deflection of Light by the Sun's Gravitational Field, from Observations Made at the Total Eclipse of May 29, 1919', *Phil. Trans. R. Soc. Lond. A* (1920), 220: 332.

22.H. Putnam, 'The "Corroboration" of Theories', in R. Boyd, P. Gasper and J. D. Trout (eds), *The Philosophy of Science* (Cambridge, MA: MIT Press, 1991).

23.K. Popper, *The Logic of Scientific Discovery* (London: Routledge, 1992), p. 94.

24. 同上，第 87 页。

25.E. Reich, 'Embattled Neutrino Project Leaders Step Down', *Nature*, 2 April 2012. 网址：http://www.nature.com/news/embattled-neutrino-project-leaders-step-down-1.10371

26.C. Darwin, *On the Origin of Species* (London: John Murray, 1859).

27.H. Kroto, 'The Wrecking of British Science', *Guardian*, 22 May 2007.

28. 同上。

29.P. Feyerabend, *Against Method* (1975; 4th edn, New York: Verso, 2010), p. 40.

第二章 那是科学吗?

1.http://www.nobelprize.org/nobel_prizes/economic-sciences/

2. 关于这一工作的介绍见 D. Kahneman, *Thinking Fast and Slow* (London: Penguin, 2012)。

3.J. Henrich et al., '"Economic Man" in Cross-Cultural Perspective: Behavioral Experiments in 15 Small-Scale Societies', *Behavioral and Brain Sciences*, 28 (2005): 795-855.

4.A. Sen, *Poverty and Famines: An Essay on Entitlements and Deprivation* (Oxford: Oxford University Press, 1983).

5.N. Cartwright, *Nature's Capacities and their Measurement* (Oxford: Oxford University Press, 1989).

6.E. Sober, *The Nature of Selection* (Chicago: University of Chicago Press, 1984), Chapter One.

7.A. Alexandrova, 'Making Models Count', *Philosophy of Science*, 75 (2008): 383-404.

8.N. Cartwright, 'The Vanity of Rigour in Economics: Theoretical Models and Galilean Experiments' in her *Hunting Causes and Using Them* (Cambridge, Cambridge University Press, 2007): pp. 217-35.

9. 这一想法我得益于张夏硕。

10. 例见 M. Ridley, *Evolution* (3rd edn) (Oxford: Blackwell, 2003); N. Barton et al., *Evolution* (Long Island, NY: Cold Spring Harbor Laboratory Press, 2007)。

11.J. Endler, *Natural Selection in the Wild* (Princeton, NJ: Princeton University Press, 1986).

12. 智能设计一派的代表性著作有 W. Dembski and J. Kushiner (eds), *Signs of Intelligence* (Grand Rapids, MI: Brazos Press, 2001); M. J. Behe, *Darwin's Black Box* (2nd edn) (New York: Simon and Schuster, 2006)。

13. 对神创论者、智能设计理论家的各种进路的批判性综述可参见 R. T. Pennock, *Tower of Babel: The Evidence against the New Creationism* (Cambridge, MA: MIT Press, 1999)。

14. 下文中的讨论改写自我在《达尔文》(*Darwin*, London: Routledge, 2007) 一书中的细致论述。

15.M. J. Behe, *Darwin's Black Box* (2nd edn) (New York: Simon and Schuster, 2006).

16.K. Miller, 'The Flagellum Unspun' in W. Dembski and M. Ruse (eds), *Debating Design: From Darwin to DNA* (Cambridge: Cambridge University Press, 2004).

17.E. Sober, 'The Design Argument' in W. Mann (ed.), *The Blackwell Companion to the Philosophy of Religion* (Oxford:

Blackwell, 2004).

18. 又见 S. Sarkar, *Doubting Darwin? Creationist Designs on Evolution* (Oxford: Blackwell, 2007)。

19.http://www.britishhomeopathic.org/what-is-homeopathy/

20.C. Weijer, 'Placebo Trials and Tribulations', *Canadian Medical Association Journal*, 166 (2002): 603-604.

21.R. Smith, 'Medical Journals and Pharmaceutical Companies: Uneasy Bedfellows', *British Medical Journal*, 326 (2003): 1202.

22.L. Kimber et al., 'Massage or Music for Pain Relief in Labour', *European Journal of Pain*, 12 (2008): 961-9; E. Ernst, 'Does Post-Exercise Massage Treatment Reduce Delayed Onset Muscle Soreness? A Systematic Review', *British Journal of Sports Medicine*, 32 (1998): 212-14.

23. 将顺疗药物同单一的疾病条件联系起来的方法被称为"临床顺势疗法"，与之对照的是更注重整体的"经典顺势疗法"，见 K. Banerjee et al., 'Homeopathy for Allergic Rhinitis: Protocol for a Systematic Review', *Systematic Reviews*, 3 (2014): 59 。

24.http://www.britishhomeopathic.org/what-is-homeopathy/

25.NHMRC Homeopathy Working Committee, *Effectiveness of Homeopathy for Clinical Conditions: Evaluation of the Evidence*, Optum (October 2013), p. 8.

26.D. Sackett et al., 'Evidence-Based Medicine: What it is and

What it isn' t' , *BMJ*, 312 (1996): 71.

27.http://www.britishhomeopathic.org/evidence/the-evidence-for-homeopathy/

28.F. Benedetti, *Placebo Effects: Understanding the Mechanisms in Health and Disease* (Oxford: Oxford University Press, 2009).

29.W. Brown, *The Placebo Effect in Clinical Practice* (Oxford: Oxford University Press, 2013), pp. 54-5.

30.R. Hahn, 'The Nocebo Phenomenon: Concept, Evidence, and Implications for Public Health', *Preventive Medicine*, 26 (1997): 607-11.

31.J. Fournier et al., 'Antidepressant Drug Effects and Depression Severity: A Patient-Level Meta-Analysis', *Journal of the American Medical Association*, 303 (2010): 47-53.

32.T. Kaptchuk et al., 'Placebos without Deception: A Randomized Controlled Trial in Irritable Bowel Syndrome', *PLOS One* (2010) DOI: 10.1371/journal.pone.0015591.

33.J. Howick et al., 'Placebo Use in the United Kingdom: Results from a National Survey of Primary Care Practitioners', *PLOS One* (2013), DOI: 10.1371/journal.pone.0058247.

第三章 "范式"之范式

1.J. Isaac, *Working Knowledge: Making the Human Sciences from*

Parsons to Kuhn (Cambridge, MA: Harvard University Press, 2012), p. 211.

2.T. Kuhn, *The Structure of Scientific Revolutions* (3rd edn) (Chicago: University of Chicago Press, 1996), p. 151.

3.同上，第181页。又见M. Masterman, 'The Nature of a Paradigm' in I. Lakatos and A. Musgrave (eds), *Criticism and the Growth of Knowledge* (Cambridge: Cambridge University Press, 1970)。

4.T. Kuhn, *The Structure of Scientific Revolutions* (3rd edn) (Chicago: University of Chicago Press, 1996), p. 175.

5.M. J. S. Hodge, 'The Structure and Strategy of Darwin's "Long Argument"', *British Journal for the History of Science*, 10 (1977): 237-46.

6.International Human Genome Sequencing Consortium, E. S. Lander et al., 'Initial Sequencing and Analysis of the Human Genome', *Nature*, 409 (2001): 860-921.

7.K. Lindblad-Toh et al., 'Genome Sequence, Comparative Analysis and Haplotype Structure of the Domestic Dog', *Nature*, 438 (2005): 803-19; S. A. Goff et al., 'A Draft Sequence of the Rice Genome', *Science*, 296 (2002): 92-100; M. D. Shapiro et al., 'Genomic Diversity and the Evolution of the Head Crest in the Rock Pigeon', *Science*, 339 (2013): 1063-7.

8.T. Kuhn, *The Structure of Scientific Revolutions* (3rd edn)

(Chicago: University of Chicago Press, 1996), p. 190.

9. 下面这本书透过一种历史的、哲学的视角对空间进行了细致的讨论，见 L. Sklar, *Space, Time and Spacetime* (Los Angeles: University of California Press, 1974)。

10. 为了论述方便起见，本段给出的历史是高度简化了的。关于相对论起源的全面论述参见 R. Staley, *Einstein's Generation: The Origins of the Relativity Revolution* (Chicago, IL: University of Chicago Press, 2009)。

11.T. Kuhn, 'Commensurability, Comparability, Communicability' in his *The Road since Structure: Philosophical Essays 1970-1993* (Chicago, IL: University of Chicago Press, 2000), pp. 33-57. 关于库恩对不可公度这一想法的转变，见 H. Sankey, 'Kuhn's Changing Concept of Incommensurability', *British Journal for the Philosophy of Science*, 44 (1993): 759-74 。关于不可公度更一般的论述，见 H. Sankey, *The Incommensurability Thesis* (Aldershot: Avebury, 1994)。

12.T. Kuhn, 'Commensurability, Comparability, Communicability' in his *The Road since Structure: Philosophical Essays 1970-1993* (Chicago, IL: University of Chicago Press, 2000), p. 48.

13.T. Kuhn, *The Structure of Scientific Revolutions* (3rd edn) (Chicago: University of Chicago Press, 1996).

14. 库恩关于亚里士多德的思考，该故事取自 J. Isaac, *Wor-*

king Knowledge: Making the Human Sciences from Parsons to Kuhn (Cambridge, MA: Harvard University Press, 2012), pp. 211-12 。

15.T. Kuhn, *The Structure of Scientific Revolutions* (3rd edn) (Chicago: University of Chicago Press, 1996), p. 134.

16. 同上，第 119 页。

17.I. Hacking, *Representing and Intervening: Introductory Topics in the Philosophy of Science* (Cambridge: Cambridge University Press, 1985).

18. 对这些问题的哲学讨论见 A. Byrne and D Hilbert (eds), *Readings on Color, Volume 1: The Philosophy of Color* (Cambridge, MA: MIT Press, 1997)。

19.T. Kuhn, *The Structure of Scientific Revolutions* (3rd edn) (Chicago: University of Chicago Press, 1996), p. 118.

20.E. Thompson, *Colour Vision: A Study in Cognitive Science and the Philosophy of Perception* (London: Routledge, 1995).

21. 对达尔文进步观的进阶讨论见拙作《达尔文》(*Darwin*, London: Routledge, 2007)。

22.J. Odling-Smee, K. Laland and M. Feldman, *Niche Construction: The Neglected Process in Evolution* (Princeton, NJ: Princeton University Press, 2003).

23.T. Kuhn, 'The Road since Structure' in *The Road since Structure: Philosophical Essays 1970-1993* (Chicago, IL : University of Chicago Press, 2000), p. 104.

24.C. Darwin, *On the Origin of Species* (London: John Murray, 1859).

25. 见达尔文本人补于《物种起源》后几版的《历史回顾》(‘Historical Sketch’)一文，在该文中，达尔文认可了这些前辈。

26.J. Secord, *Victorian Sensation* (Chicago, IL: University of Chicago Press, 2001).

27.P. Bowler, *The Eclipse of Darwinism* (Baltimore, MD: Johns Hopkins University Press, 1983).

28.H. Fleeming Jenkin, ‘Review of The Origin of Species’, *North British Review*, 46 (1867): 277-318.

29.T. Lewens, ‘Natural Selection Then and Now’, *Biological Reviews*, 85 (2010): 829-35.

30.R. A. Fisher, *The Genetical Theory of Natural Selection* (Oxford: Clarendon, 1930).

第四章 但那是实情吗?

1. 犹太教视角下也有基于相似立场的说法，见 P. Lipton, ‘Science and Religion: The Immersion Solution’ in J. Cornwell and M. McGhee (eds), *Philosophers and God: At the Frontiers of Faith and Reason* (London: Continuum, 2009), pp. 31-46 。

2. 关于非充分决定的重要论文有 L. Laudan, ‘Demystifying

Underdetermination' in C. W. Savage (ed.), *Scientific Theories*, Minnesota Studies in the Philosophy of Science, 14 (Minneapolis, MN: University of Minnesota, 1990), pp. 267–97; L. Laudan and J. Leplin, 'Empirical Equivalence and Underdetermination', *Journal of Philosophy*, 88 (1991): 449–72 。

3.C. Clark, *The Sleepwalkers: How Europe Went to War in 1914* (London: Penguin, 2013), pp. 47-8.

4. 博厄斯所有未发表的讲座文字稿收于一处在线附录，见 H. Lewis, 'Boas, Darwin, Science, and Anthropology', *Current Anthropology*, 42 (2001)。感谢摩尔（Jim Moore）让我注意到这一资源。

5. 原版名为 P. Duhem, *La Théorie Physique. Son Objet, Sa Structure* (Paris: Chevalier and Rivière, 1906)。

6.P. Duhem, *The Aim and Structure of Physical Theory* (Princeton, NJ: Princeton University Press, 1954 [1914]).

7.H.-J. Shin et al., 'State-Selective Dissociation of a Single Water Molecule on an Ultrathin MgO Film', *Nature Materials*, 9 (2010): 442-7.

8. 先前的论述全部基于 H. Chang, *Is Water H_2O?* (Dordrecht: Springer, 2012)。

9.A. Kukla, 'Does Every Theory Have Empirically Equivalent Rivals?', *Erkenntnis*, 44 (1996): 145.

10. 此处我受到了斯坦福文章的影响，见 K. Stanford, 'Refusing

the Devil's Bargain: What Kind of Underdetermination Should We Take Seriously?', *Philosophy of Science*, 68 [Proceedings] (2001): S1-S12 。

11. 例见 R. Boyd, 'On the Current Status of the Issue of Scientific Realism', *Erkenntnis*, 19 (1983): 45–90 。

12.H. Putnam, *Mathematics, Matter and Method* (Cambridge: Cambridge University Press, 1975), p. 73.

13. 早在普特南于1975年给出这一短评之前，这种形式的论证就已经有了。澳大利亚哲学家斯玛特（J. J. C. Smart）在其 1963 年的书中给出了类似的评论，见 *Philosophy and Scientific Realism* (London: Routledge, 1963)。

14.F. Nietzsche, *The Gay Science*, translated by W. Kaufmann (New York: Random House, 1974 [1887]), Book Three, Section 110.

15.B. van Fraassen, *The Scientific Image* (Oxford: Clarendon Press, 1980).

16.P. D. Magnus and C. Callender, 'Realist Ennui and the Base Rate Fallacy', *Philosophy of Science*, 71 (2004): 320-38.

17.A. Tversky and D. Kahneman, 'Evidential Impact of Base Rates' in D. Kahneman, A. Tversky and P. Slovic (eds), *Judgement Under Uncertainty: Heuristics and Biases* (Cambridge: Cambridge University Press, 1982).

18. 这种关于真理的“极简主义”观，可参见 P. Horwich, *Truth,*

Second Edition (Oxford: Oxford University Press, 1998)。

19.对这一观点的阐述及辩护参见K. Stanford, *Exceeding Our Grasp: Science, History and the Problem of Unconceived Alternatives* (Oxford: Oxford University Press, 2006)。

20.L. Boto, ‘Horizontal Gene Transfer in the Acquisition of Novel Traits by Metazoans’, *Proceedings of the Royal Society B: Biological Sciences,* 281 (2014) DOI: 10.1098/rspb.2013.2450.

21.L. Graham et al., ‘Lateral Transfer of a Lectin-Like Antifreeze Protein Gene in Fishes’, *PLOS One*, 3(7)(2008): DOI: 10.1371/journal.pone.0002616.

22. 关于这些主题的讨论见 W. F. Doolittle, ‘Uprooting the Tree of Life’, *Scientific American*, 282 (2000): 90-95 。

23. 作为早期的悲观归纳提倡者，劳丹的看法多受到肯定，尽管这可能是错误的。例见 L. Laudan, ‘A Confutation of Convergent Realism’, *Philosophy of Science*, 48 (1981): 19-49 。

24.P. Lipton, ‘Tracking track records’, *Aristotelian Society, Supplementary Volume*, 74 (2000): 179–205.

25. 对于悲观归纳的这一回应有一些重要的质疑，见 K. Stanford, ‘No Refuge for Realism’, *Philosophy of Science*, 70 (2003): 913-25; H. Chang, ‘Preservative Realism and its Discontents: Revisiting Caloric’, *Philosophy of Science*, 70 (2003): 902-12 。

26.K. Stanford, *Exceeding Our Grasp: Science, History and the*

Problem of Unconceived Alternatives (Oxford: Oxford University Press, 2006).

27. 我的这些思考极大地受到了我以前的博士生尼克尔森（Sam Nicholson）的博士论文的影响，见 S. Nicholson, *Pessimistic Inductions and the Tracking Condition*, University of Cambridge, PhD Thesis (2011)。

第二部分 科学对我们意味着什么

第五章 价值与真实

1.*Shale Gas Extraction in the UK: A Review of Hydraulic Fracturing* (Royal Society/Royal Academy of Engineering, 2012): 5. 网址：http://www.raeng.org.uk/publications/reports/shale-gas-extraction-in-the-uk

2.*Scientific Review of the Safety and Efficacy of Methods to Avoid Mitochondrial Disease through Assisted Conception* (HFEA, 2011). 网址：http://www.hfea.gov.uk/docs/2011-04-18_Mitochondria_review_-_final_report.PDF

3. 我对李森科言论的解释基于 W. deJong-Lambert, *The Cold War Politics of Genetic Research: An Introduction to the Lysenko Affair* (New York: Springer, 2012)。

4.R. M. Young, 'Getting Started on Lysenkoism', *Radical Science Journal*, 6-7 (1978): 81-105.

5.S. C. Harland, ‘Nicolai Ivanovitch Vavilov. 1885-1942’, *Obituary Notices of the Royal Society*, 9 (1954): 259-64.

6.L. Graham, *Science in Russia and the Soviet Union* (Cambridge: Cambridge University Press, 1993), p. 130.

7. 详见 D. Turner, ‘The Functions of Fossils: Inference and Explanation in Functional Morphology’, *Studies in History and Philosophy of Biological and Biomedical Sciences*, 31 (2000): 193-212 。

8.E. A. Lloyd, *The Case of the Female Orgasm: Bias in the Science of Evolution* (Cambridge, MA: Harvard University Press, 2005).

9. 例见 Lloyd 的网址：http://mypage.iu.edu/~ealloyd/

10.A. Kinsey et al., *Sexual Behavior in the Human Female* (Philadelphia, PA: W. B. Saunders, 1953), p. 164.

11.D. Morris, *The Naked Ape: A Zoologist's Study of the Human Animal* (New York: McGraw Hill, 1967), p. 79.

12.G. Gallup and S. Suarez, ‘Optimal Reproductive Strategies for Bipedalism’, *Journal of Human Evolution*, 12 (1983), p. 195.

13.E. A. Lloyd, *The Case of the Female Orgasm: Bias in the Science of Evolution* (Cambridge, MA: Harvard University Press, 2005), p. 58.

14.W. H. Masters and V. E. Johnson, *Human Sexual Response* (Boston: Little Brown, 1966), p. 123; E. A. Lloyd, *The Case of the*

Female Orgasm: Bias in the Science of Evolution (Cambridge, MA: Harvard University Press, 2005), p. 182.

15.E. A. Lloyd, *The Case of the Female Orgasm: Bias in the Science of Evolution* (Cambridge, MA: Harvard University Press, 2005), p. 190.

16. 劳埃本人对此抱有坚定的怀疑，见 E. Lloyd, 'The Evolution of Female Orgasm: New Evidence and Feminist Critiques' in F. de Sousa and G. Munevar (eds), *Sex, Reproduction and Darwinism* (London: Pickering and Chatto, 2012)。

17.D. Puts, K. Dawood and L. Welling, 'Why Women have Orgasms: An Evolutionary Analysis', *Archives of Sexual Behavior*, 41 (2012): 1127-43.

18.R. Levin, 'Can the Controversy about the Putative Role of the Human Female Orgasm in Sperm Transport be Settled with our Current Physiological Knowledge of Coitus?', *Journal of Sexual Medicine*, 8 (2011): 1566-78.

19.R. Levin, 'The Human Female Orgasm: A Critical Evaluation of its Proposed Reproductive Functions', *Sexual and Relationship Therapy*, 26 (2011): 301-14.

20.E. Lloyd, 'Pre-Theoretical Assumptions in Evolutionary Explanations of Female Sexuality', *Philosophical Studies*, 69 (1993): 139-53.

21. 达尔文早期生活的细节见 Janet Browne 撰写的非常出色的传记：J. Browne, *Charles Darwin: Voyaging* (London: Pimlico, 2003)。

22. 马克思与恩格斯的信件转引自 A. Schmidt, *The Concept of Nature in Marx*, Translated B. Fowkes, from the German edition of 1962 (London: NLB, 1971)。

23.C. Darwin, *On the Origin of Species* (London: John Murray, 1859), p. 108.

24 详见 J. Odling-Smee, K. Laland and M. Feldman, *Niche Construction: The Neglected Process in Evolution* (Princeton, NJ: Princeton University Press, 2003)。

25. 例见 R. Levins and R. Lewontin, *The Dialectical Biologist* (Cambridge, MA: Harvard University Press, 1985)。

26. 本节的论证深受道格拉斯的重要著作的影响：H. Douglas, *Science, Policy and the Value-Free Ideal* (Pittsburgh, PA: University of Pittsburgh Press, 2009)。

27. 对移动电话的风险的指控有一些回应，其详细研究见 A. Burgess, *Cellular Phones, Public Fears and a Culture of Precaution* (Cambridge: Cambridge University Press, 2003)。

28.S. John, 'From Social Values to p-Values: The Social Epistemology of the International Panel on Climate Change', *Journal of Applied Philosophy* (forthcoming).

29.J. O'Reilly, N. Oreskes, and M. Oppenheimer, 'The Rapid

Disintegration of Consensus: the West Antarctic Ice Sheets and the International Panel on Climate Change', *Social Studies of Science*, 42 (2012): 709-31.

30. 这一节的论证取自拙文 'Taking Sensible Precautions', *The Lancet*, 371 (2008): 1992-3 。

31.C. Sunstein, *Laws of Fear: Beyond the Precautionary Principle* (Cambridge: Cambridge University Press, 2005).

32.*Rio Declaration on Environment and Development*, 网址：http://www.un.org/documents/ga/conf151/aconf15126-1annex1.htm

33.G. Suntharalingam et al., 'Cytokine Storm in a Phase 1 Trial of the Anti-CD28 Monoclonal Antibody TGN1412', *New England Journal of Medicine*, 355 (2006): 1018-28.

34.U. Beck, *The Risk Society* (London: Sage, 1992), p. 62. 原文为斜体。

35.S. John, 'In Defence of Bad Science and Irrational Policies', *Ethical Theory and Moral Practice*, 13 (2010): 3-18.

第六章　人类的善意

1.C. Darwin, *The Descent of Man* (London: John Murray, 1871), p. 106.

2.M. Ghiselin, 'Darwin and Evolutionary Psychology', *Science*, 179 (1973), p. 967.

3.M. Ghiselin, *The Economy of Nature and the Evolution of Sex* (Berkeley, CA: University of California Press, 1974).

4.C. Darwin, *The Descent of Man* (London: John Murray, 1871), p. 87.

5.C. Darwin, *The Origin of Species* (London: John Murray, 1859).

6.R. Alexander, 'Evolutionary Selection and the Nature of Humanity' in V. Hösle and G. Illies (eds), *Darwinism and Philosophy* (Notre Dame, IN: University of Notre Dame Press, 2005), p. 309.

7.D. Zitterbart et al., 'Coordinated Movements Prevent Jamming in an Emperor Penguin Huddle', *PLOS One* (June 2011), DOI: 10.1371/journal.pone.0020260.

8.J. Birch, 'Gene Mobility and the Concept of Relatedness', *Biology and Philosophy*, 29 (2014): 445-76.

9. 有关细菌的社会性行为的更多细节见上书；关于生物学上的利他与心理学上的利他之间差别的简要讨论见 E. Sober and D. Wilson, *Unto Others: The Evolution and Psychology of Unselfish Behaviour* (Cambridge, MA: Harvard University Press, 1999)。

10.R. Trivers, 'The Evolution of Reciprocal Altruism', *Quarterly Review of Biology*, 46 (1971): 35-57.

11.S. West, A. Griffin and A. Gardner, 'Social Semantics: Altruism, Cooperation, Mutualism, Strong Reciprocity and Group

Selection', *Journal of Evolutionary Biology*, 20 (2007): 415-32.

12.R. Dawkins, *The Selfish Gene* (30th Anniversary Edition) (Oxford: Oxford University Press, 2006), p. 4.

13. 关于演化论中的自私的基因一说见 A. Gardner and J. Welch, 'A Formal Theory of the Selfish Gene', *Journal of Evolutionary Biology*, 24 (2011): 1801-13 。

14.R. Dawkins, *The Extended Phenotype* (Oxford: Oxford University Press, 1982); A. Gardner and J. Welch, 'A Formal Theory of the Selfish Gene', *Journal of Evolutionary Biology*, 24 (2011): 1801-13.

15.C. Darwin, *The Descent of Man* (London: John Murray, 1871).

16.J. Henrich et al., 'In Search of Homo Economicus: Behavioral Experiments in 15 Small-Scale Societies', *American Economic Review* (2001): 73-8.

17.R. Frank et al., 'Does Studying Economics Inhibit Cooperation?', *Journal of Economic Perspectives*, 7 (1993): 159-71; B. Frey and S. Meier, 'Are Political Economists Selfish and Indoctrinated? Evidence from a Natural Experiment', *Economic Inquiry*, 41 (2003): 448-62.

18.J. Henrich, 'Does Culture Matter in Economic Behavior? Ultimatum Game Bargaining among the Machiguenga of the Peruvian Amazon', *American Economic Review*, 90 (2000): 973-9.

19.C. Darwin, *The Descent of Man* (London: John Murray, 1871).

20. 我对社会演化的理解得益于伯奇（Jonathan Birch）多年间富有价值的教导。

21. 关于绿胡子的详细讨论见 A. Gardner and S. West, ‘Greenbeards’, *Evolution*, 64 (2010): 25-38 。

22.L. Keller and K. Ross, ‘Selfish Genes: A Green Beard in the Red Fire Ant’, *Nature*, 394 (1998): 573-5

23. 概见 E. Jablonka and M. Lamb, *Evolution in Four Dimensions* (revised edn) (Cambridge, MA: MIT Press, 2014)。

24. 例见 P. J. Richerson and R. Boyd, *Not by Genes Alone: How Culture Transformed Human Evolution* (Chicago: University of Chicago Press, 2005)。

25.C. el Mouden et al., ‘Cultural Transmission and the Evolution of Human Behaviour: A General Approach Based on the Price Equation’, *Journal of Evolutionary Biology*, 27 (2014): 231-41.

第七章　天性——当心！

1.S. Pinker, *The Blank Slate: The Modern Denial of Human Nature* (London: Allen Lane, 2002).

2.M. Sandel, *The Case Against Perfection: Ethics in the Age of Genetic Engineering* (Cambridge, MA: Harvard University Press,

2007).

3.L. Kass, 'The Wisdom of Repugnance: Why We Should Ban the Cloning of Humans', *Valparaiso University Law Review*, 32 (1998): 689.

4.D. Hull, 'Human Nature', *PSA: Proceedings of the Biennial Meeting of the Philosophy of Science Association*, 2 (1986): 12.

5.M. Ghiselin, *Metaphysics and the Origin of Species* (Albany, NY: SUNY Press, 1997), p. 1.

6.J. Henrich, S. Heine and A. Norenzayan, 'The Weirdest People in the World?', *Behavioral and Brain Sciences*, 33 (2010): 61-135.

7.M. H. Segall, D. T. Campbell and M. Herskovits, *The Influence of Culture on Visual Perception* (Indianapolis, IN: Bobbs-Merrill, 1966).

8.J. Winawer, N. Witthoft, M. C. Frank, L. Wu, A. R. Wade and L. Boroditsky, 'Russian Blues Reveal Effects of Language on Color Discrimination', *PNAS*, 104 (2007): 7780-85.

9.实例与进阶讨论见T. Lewens, 'Species, Essence and Explanation', *Studies in History and Philosophy of Biological and Biomedical Sciences*, 43 (2012): 751-7 。

10.S. Okasha, 'Darwinian Metaphysics: Species and the Question of Essentialism', *Synthese*, 131 (2002): 191–213.

11.C. Darwin, *On the Origin of Species* (London: John Murray, 1859).

12.E. Machery, 'A Plea for Human Nature', *Philosophical Psychology*, 21 (2008): 321-9.

13.T. Lewens, 'Human Nature: The Very Idea', *Philosophy and Technology*, 25 (2012): 459-74.

14.B. Sinervo and C. M. Lively, 'The Rock-Paper-Scissors Game and the Evolution of Alternative Male Strategies', *Nature*, 380 (1996): 240-43.

15.M. Tomasello, *The Cultural Origins of Human Cognition* (Cambridge, MA: Harvard University Press, 1999).

16.C. Heyes, 'Grist and Mills: On the Cultural Origins of Cultural Learning', *Phil. Trans. R. Soc. B*, 367 (2012): 2181-91.

17.C. Heyes, 'Causes and Consequences of Imitation', *Trends in Cognitive Sciences*, 5 (2001): 253-61.

18.J. Hope, 'Inability to Recognise People's Faces is Inherited', *Daily Mail*, 8 May 2014. 网址：http://www.dailymail.co.uk/health/article-2622909/Find-hard-place-face-Its-genes-Inability-recognise-people-inherited-study-says.html

19. 关于遗传力之意义的清晰介绍见 E. Sober, 'Separating Nature and Nurture' in D. Wasserman and R. Wachbroit (eds), *Genetics and Criminal Behavior: Methods, Meanings and Morals* (Cambridge: Cambridge University Press, 2001), pp. 47–78 。

20. 本节的其余部分取自我在剑桥艺术、社会科学以及人文学研究中心发表的博客。

21.P. Wintour, 'Genetics Outweighs Teaching, Gove Adviser Tells his Boss', *Guardian*, 11 October 2013. 网址：http://www.theguardian.com/politics/2013/oct/11/genetics-teaching-gove-adviser

22.R. Plomin and K. Asbury, *G is for Genes: The Impact of Genetics on Education and Achievement* (Oxford: Wiley-Blackwell, 2013).

23.T. Helm, 'Michael Gove Urged to Reject "Chilling Views" of his Special Adviser', *Observer*, 12 October 2013. 网址：http://www.theguardian.com/politics/2013/oct/12/michael-gove-special- adviser

24.P. Wilby, 'Psychologist on a Mission to Give Every Child a Learning Chip', *Guardian*, 18 February 2014. 网 址：http://www.theguardian.com/education/2014/feb/18/psychologist-robert-plomin-says-genes-crucial-education

25.S. Atran et al., 'Generic Species and Basic Levels: Essence and Appearance in Folk Biology', *Journal of Ethnobiology*, 17 (1997): 17–43.

26.S. Gelman and L. Hirschfeld, 'How Biological is Essentialism?' in S. Atran and D. Medin (eds), *Folkbiology* (Cambridge, MA: MIT Press, 1999), pp. 403–45.

27. 这一想法我得益于瑞·兰顿（Rae Langton）。

28.L. Kass, 'Ageless Bodies, Happy Souls: Biotechnology and

the Pursuit of Perfection', *The New Atlantis*, 1 (2003): 9–28.

29.L. Kass, 'The Wisdom of Repugnance: Why We Should Ban the Cloning of Humans', *Valparaiso University Law Review*, 32 (1998): 679–705.

30. 同上，第 691 页。

31. 同上。

第八章　自由消解了吗？

1.C. S. Soon et al., 'Unconscious Determinants of Free Decisions on the Human Brain', *Nature Neuroscience*, 11 (2008): 543-5.

2.S. Harris, *Free Will* (New York: The Free Press, 2012).

3.T. Chivers, 'Neuroscience, Free Will and Determinism', *Daily Telegraph*, 12 October 2010. 网址：http://www.telegraph.co.uk/science/8058541/Neuroscience-free-will-and-determinism-Im-just-a-machine.html

4.M. Gazzaniga, 'Free Will is an Illusion, But You're Still Responsible for Your Actions', *Chronicle of Higher Education*, 18 March 2012. 网址：http://chronicle.com/article/Michael-S-Gazzaniga/131167

5.C. S. Soon et al., 'Unconscious Determinants of Free Decisions in the Human Brain', *Nature Neuroscience*, 11 (2008): 543-5.

6.B. Libet et al., 'Time of Conscious Intention to Act in Relation to Onset of Cerebral Activity (Readiness-Potential): The Unconscious Initiation of a Freely Voluntary Act', *Brain*, 106 (1983), 623-42; B. Libet, 'Do we have Free Will?', *Journal of Consciousness Studies*, 6 (1999), 54.

7.J. Coyne, 'You Don't have Free Will', *Chronicle of Higher Education*, 18 March 2012. 网址：http://chronicle.com/article/Jerry-A-Coyne/131165/

8. 关于非决定论在自由意志中所起到的作用，下面这本书给出了重要的辩护，见 R. Kane, *The Significance of Free Will* (Oxford: Oxford University Press, 1996)。

9.D. Dennett, *Elbow Room: The Varieties of Free Will Worth Wanting* (Cambridge, MA: MIT Press, 1984).

10.D. Wooldridge, *The Machinery of the Brain* (New York: McGraw-Hill, 1963), pp. 82-3.

11.F. Keijzer, 'The Sphex Story: How the Cognitive Sciences Kept Repeating an Old and Questionable Anecdote', *Philosophical Psychology*, 26 (2013): 502-19.

12.H. G. Wells, J. S Huxley and G. P. Wells, *The Science of Life*, Volume 2 (Garden City, New York: Doubleday, Doran and Company, 1938).

13.J.-H. Fabre, *Souvenirs Entomologiques* (Paris: Librarie Ch. Delagrave, 1879); J.-H. Fabre, *The Hunting Wasps* (New York: Dodd,

Mead and Company, 1915).

14. 同上。

15.J. Brockman, 'Provisioning Behavior of the Great Golden Digger Wasp, Sphex ichneumoneus', *Journal of the Kansas Entomological Society*, 58 (1985): 631-55.

16.F. Keijzer, 'The Sphex Story: How the Cognitive Sciences Kept Repeating an Old and Questionable Anecdote', *Philosophical Psychology*, 26 (2013): 502-19.

17. 见 R. Lurz, *Mindreading Animals: The Debate over what Animals Know about Other Minds* (Cambridge, MA: MIT Press, 2011)。

18. 例见 D. Kahneman, A. Tversky and P. Slovic (eds), *Judgement Under Uncertainty: Heuristics and Biases* (Cambridge: Cambridge University Press, 1982)。

19. 在健康与安全立法语境下，有关这些观点的讨论可参见 C. Sunstein, *Laws of Fear: Beyond the Precautionary Principle* (Cambridge: Cambridge University Press, 2005)。

20. 这一主张的例子可以在下面这本书的参考文献中找到，见 E. Nahmias et al., 'Surveying Freedom: Folk Intuitions about Free Will and Moral Responsibility', *Philosophical Psychology*, 18 (2005): 561-84 。

21.E. Nahmias et al., 'Surveying Freedom: Folk Intuitions about Free Will and Moral Responsibility', *Philosophical Psychology*, 18

(2005): 561-84.

22. 伯奇向我指出了这一问题。

23.J. Coyne, ‘You Don’t have Free Will’, *Chronicle of Higher Education*, 18 March 2012. 网址：http://chronicle.com/article/Jerry-A-Coyne/131165/

24.B. Libet et al., ‘Time of Conscious Intention to Act in Relation to Onset of Cerebral Activity (Readiness-Potential): The Unconscious Initiation of a Freely Voluntary Act’, *Brain*, 106 (1983), 623-42.

25. 例如 T. Bayne, ‘Libet and the Case for Free Will Scepticism’ in R. Swinburne (ed.), *Free Will and Modern Science* (Oxford/London: OUP/British Academy, 2011); D. Dennett, *Freedom Evolves* (London: Allen Lane, 2003); A. Mele, *Effective Intentions: The Power of Conscious Will* (Oxford: Oxford University Press, 2009)。

26. 这一点我得益于哲学家迈乐对利贝特等人工作的细致讨论。

27.J. Trevena and J. Miller, ‘Brain Preparation Before a Voluntary Action: Evidence Against Unconscious Movement Initiation’, *Consciousness and Cognition*, 19 (2010): 447-56.

28.A. Schurger et al., ‘An Accumulator Model for Spontaneous Neural Activity Prior to Self-Initiated Movement’, *Proceedings of the National Academy of Sciences of the United States of America*, 109

(2012): E2904-E2913.

29.C. S. Soon et al., 'Unconscious Determinants of Free Decisions in the Human Brain', *Nature Neuroscience,* 11 (2008): 543-5.

30.A. Mele, 'The Case Against the Case Against Free Will', *Chronicle of Higher Education*, 18 March 2012. 网址：http://chronicle.com/article/Alfred-R-Mele-The-Case/131166/

结语 科学的领地

1. 例见 B. Wynne, 'Misunderstood Misunderstandings', *Public Understanding of Science*, 1 (1992): 281-304 。

2.BBC News, 'Post-Chernobyl Disaster Sheep Controls Lifted on Last UK Farms', 1 June 2012. 网址：http://www.bbc.co.uk/news/uk-england-cumbria-18299228

3.F. Jackson, 'Epiphenomenal Qualia', *Philosophical Quarterly*, 32 (1982): 127-36; F. Jackson, 'What Mary Didn't Know', *Journal of Philosophy*, 83 (1986): 291-5.

4. 例见 T. Crane and D. H. Mellor, 'There is no Question of Physicalism', *Mind*, 99 (1990): 185-206; J. Dupré, *The Disorder of Things: Metaphysical Foundations of the Disunity of Science* (Cambridge, MA: Harvard University Press, 1993)。

5.D. Lewis, 'What Experience Teaches' in W. Lycan (ed.), *Mind and Cognition* (Oxford: Blackwell, 1990); L. Nemirow, 'Physicalism and the Cognitive Role of Acquaintance' in W. Lycan (ed.), *Mind and Cognition* (Oxford: Blackwell, 1990); D. H. Mellor, 'Nothing Like Experience', *Proceedings of the Aristotelian Society*, 93 (1992/3): 1-16.

图书在版编目（CIP）数据

科学的意义 / (英) 蒂姆 · 卢恩斯著 ; 徐韬译. --上海 : 上海文艺出版社, 2018（2018.8重印）
（企鹅 · 鹈鹕丛书）
ISBN 978-7-5321-6045-7
Ⅰ.①科… Ⅱ.①蒂… ②徐… Ⅲ.①科学哲学—研究 Ⅳ.①N02
中国版本图书馆CIP数据核字 (2018)第044652号

The Meaning of Science

著作权合同登记图字：09-2016-168

出 品 人：陈　征
责任编辑：肖海鸥

书　　名：科学的意义
作　　者：(英) 蒂姆 · 卢恩斯
译　　者：徐　韬
出　　版：上海世纪出版集团　上海文艺出版社
地　　址：上海绍兴路7号　200020
发　　行：上海文艺出版社发行中心发行
上海市绍兴路50号　200020　www.ewen.co
印　　刷：上海盛通时代印刷有限公司
开　　本：787×1092　1/32
印　　张：9.25
插　　页：5
字　　数：176,000
印　　次：2018年4月第1版　2018年8月第2次印刷
I S B N：978-7-5321-6045-7/C · 0059
定　　价：55.00元
告 读 者：如发现本书有质量问题请与印刷厂质量科联系　T：021-37910000